**Bad Leadership**

Thomas Kuhn
Jürgen Weibler

# Bad Leadership

Von Narzissten & Egomanen, Vermessenen & Verführten

Warum uns schlechte Führung oftmals gut erscheint und es guter Führung häufig schlecht ergeht

Verlag Franz Vahlen

Thomas Kuhn ist Akademischer Oberrat an der FernUniversität in Hagen und Privatdozent für Betriebswirtschaftslehre der Universität St. Gallen (HSG). Er beschäftigt sich vor allem mit Fragen der Wirtschafts- und Unternehmensethik sowie der Personalmanagement- und Führungsethik.

Jürgen Weibler ist Professor für Betriebswirtschaftslehre an der FernUniversität in Hagen. Er beschäftigt sich vor allem mit Fragen des Personalmanagements sowie der digitalen Transformation von Organisation und gilt als einer „der renommiertesten deutschen Experten in Sachen Mitarbeiterführung" (Wirtschafts-Woche Online). Auf der Internetplattform *Leadership Insiders* verbindet er die Führungsforschung mit der Führungspraxis.



ISBN Print: 978 3 8006 6250 0
ISBN E-Book PDF: 978 3 8006 6251 7
ISBN E-Book ePub/mobi: 978 3 8006 6252 4


Wilhelmstr. 9, 80801 München
Satz: Fotosatz Buck
Zweikirchener Str. 7, 84036 Kumhausen
Druck und Bindung: Druckhaus Nomos
In den Lissen 12, 76547 Sinzheim
Umschlaggestaltung: Ralph Zimmermann, Bureau Parapluie
Bildnachweis: © slalomop – depositphotos.com

$CO_2$ neutral
vahlen.de/nachhaltig

Gedruckt auf säurefreiem, alterungsbeständigem Papier
(hergestellt aus chlorfei gebleichtem Zellstoff)

# Inhalt

# Einleitung
# Bad Leadership – oder: Wenn Führung destruktiv, toxisch, tyrannisch oder negativ wird

*„And in between the moon and you, the angels get a better view, of the crumbling difference between wrong and right."*

Counting Crows, Round Here

Führung ist *allgegenwärtig*. In nahezu allen denkbaren sozialen und gesellschaftlichen Bezügen begegnet sie uns: in der Wirtschaft (vom Vorstandsvorsitzenden bis zum Vorarbeiter), in Politik (in Form von regierenden Parteien und Personen) und Kirche (etwa vom Papst bis zum Diakon), im Militär (siehe Rangabzeichen), in Schule und Familie (Lehrer und Eltern als „Führende" im Sinne von Erziehenden), im Sport (vom Vereinspräsidenten bis hin zum „Aggressive Leader" innerhalb des Teams). Und wenn Sie so wollen, natürlich auch im Kaninchenzüchterverein, im Kirchenchor oder im Kindergarten. Die Allgegenwart der Führung wird nicht zuletzt aber auch dadurch unterstrichen, dass, wenn man einmal versucht, jene sozialen und gesellschaftlichen Bereiche zu bestimmen, in denen *keine* Führung stattfindet, man alles andere als leicht fündig wird.

Ferner gilt: Führung ist *bedeutsam*. Sie bestimmt für ihren speziellen Geltungsbereich in beträchtlichen Maßen mit über das Wohl und Wehe – wahlweise der Mitarbeiter, der Bevölkerung, der Gläubigen, der Soldaten, der Schüler, unserer Kinder. In extremen Situationen entscheidet Führung sogar über Leben und Tod.

Eingedenk dieses lebenspraktisch bedeutsamen Spannungsfeldes (Wohl und Leben *versus* Wehe und Tod) lohnt sich der Blick auf die Frage: Was eigentlich ist das *Wesen der Führung*? Was hält Führung in ihrem Innersten zusammen? Hier ist zunächst natürlich klar: Führung findet immer zwischen *Führenden* und *Geführten* statt, wobei deren Beziehung denknotwendig *asymmetrisch* (ungleichmäßig) ist. Das heißt, der Führende verfügt über etwas, was dem Geführten fehlt – absolut oder relativ. Verwiesen ist damit vor allem auf das Phänomen der *Führungsmacht*. Folgt man der sogenannten Machttheorie der Führung[1], dann beruht Führung insbesondere auf folgenden Machtgrundlagen: Amtsautorität (höhere Position), Belohnungsmacht (Gewährung von etwas Erwünschtem), Bestrafungsmacht

(Entzug desselben), Expertenmacht (mehr Wissen), Überzeugungsmacht (bessere Argumente), charismatische Macht (außergewöhnliche Ausstrahlungskraft). Führung *gründet* also auf etwas; aber sie *verfolgt* in aller Regel auch etwas – nämlich *(Führungs-)Ziele*. Das können die des Führenden sein, die von anderen, am besten sicherlich gemeinsame Ziele, wobei Ziele sich naturgemäß häufig auch entgegenstehen (Zielkonflikte). In diesem Falle muss die Verwirklichung der einen Ziele dann zu Lasten von anderen Zielen gehen. Und eine weitere Kategorie bedarf der Erwähnung: der *Führungserfolg*. Als erfolgreich gilt ein Führender, wenn es ihm gelingt, das Denken und Handeln der Geführten in einer erwünschten Weise zu beeinflussen oder gar zu steuern. Sei es das Leistungsverhalten der Mitarbeiter, das Wahlverhalten der Bürger, die Gläubigkeit der Gemeindemitglieder, die Kampfmoral der Truppe, die Lernfortschritte der Schüler oder die Lebenseinstellung der eigenen Kinder. Soweit eine zwar kurze, aber dennoch nicht ganz unpräzise Bestimmung dessen, was Führung in ihrem Kern ausmacht.

Treten wir nun einen Schritt zurück und betrachten diese Bestimmungsgrößen von Führung unter Berücksichtigung der moralischen Bewertungskriterien *gut* und *schlecht*, dann können wir relativ schnell zumindest zwei Hinsichten ausmachen, in denen Führung sehr unterschiedlich ausfallen kann: Erstens: Gute Führung setzt die gegebene *Führungsmacht* verantwortungsvoll ein, schlechte Führung hingegen rücksichtslos. Zweitens: Gute Führung verfolgt weithin gemeinsame *Führungsziele*, schlechte Führung eher selektive, häufig die des Führenden und seiner erforderlichen Entourage. Kurzum: Wer sich ein wenig mit Führung beschäftigt, der kann recht schnell erkennen, dass Führung *gut* sein kann, aber auch *schlecht*.

Umso bemerkenswerter erscheint der Umstand, dass das Thema Bad Leadership bis vor Kurzem eine Art No-Go innerhalb der „Leadership Industrie"[2] war, schlechte Führung also ein „Un-Thema" gleichermaßen in der Führungsforschung, in der Leadership Aus- und Weiterbildung wie auch in der führungsbezogenen Coaching- und Beratungspraxis darstellte.[3] Die Erklärung hierfür ist im Grunde leicht: Das Interesse der „Leadership Industrie" galt (und gilt) naturgemäß der erfolgreichen Führung. Und da stets gesetzt war, dass Führung nur erfolgreich sein kann, wenn der Führende „gut ist und Gutes tut"[4], gab es eigentlich keine Notwendigkeit über schlechte Führung nachzudenken. Denn schlechte Führung kann gemäß dieser „Logik" keine erfolgreiche sein, und wenn sie nicht erfolgreich ist, dann kann sie kaum von Dauer sein. Und was nicht von Dauer ist, dem ist auch keine Beachtung zu schenken. Deshalb: Lange Zeit so gut wie nichts zum Thema Bad Leadership, stattdessen immerfort neue Überlegungen, Ansätze und Konzepte zum Good Leadership – erfolgreich, und damit auch ethisch. Diese Annahme einer Unverbrüchlichkeit von Erfolg und Ethik im Führungskontext bezeichnete die renommierte Führungsforscherin Barbara Kellerman treffend als „Light Side of Leadership“[5] – gewissermaßen eine sehr harmonische, fast schon rosarote Sicht auf die Führungsdinge. Dass diese Prägung des allgemeinen Führungsverständnisses bis heute dominant fortwirkt, zeigen nicht zuletzt jenen Führungstheorien, die aktuell besonders en vogue sind: Authentische Führung, Achtsame Führung, Bescheidene Führung, Dienende Führung, Spirituelle Führung, Ethische Führung. Überall hier wird – kaum verborgen – der „hellen Logik“ gehuldigt: „Sei auf diese oder jene Weise ethisch, dann bist Du in jedem Falle erfolgreich!“ Und wer wollte das nicht sein?

Kritik an dieser „Light Side“ gab es zuweilen allerdings schon. So wurde durchaus bemerkt, dass gerade auf dem erfolgversprechendsten Führungsstil von allen, der charismatischen Führung, ein rechter Schatten lag. Die Verdunklungsgefahr resultierte hier vor allem natürlich aus jenen geschichtlichen Beispielen, bei denen charismatische Führungsmacht von den Führenden missbraucht und zum Schaden der Geführten – und weit über diese hinaus – eingesetzt wurde. Solchen offenkundigen Fällen von Bad Leadership wurde zunächst mit einem Kunstgriff zu begegnen versucht, indem wiederum gesetzt wurde: „All real leadership is ethical“[6]! Führung ist per se ethisch – was dann verbunden wurde mit der Festschreibung, dass schlechte Führer eben keine Führenden seien, sondern nur „Machthaber“ („Power-Wielder“).[7] Dauerhaft überzeugend war das offensichtlich nicht.[8]

## Bad Leadership – vom No-Go zum Boom

Die Missachtung der Bad Leadership-Thematik endete circa um die Jahrtausendwende. Ein zentraler Grund hierfür kann in der aufkommenden Diskussion über Wirtschafts- und Unternehmensethik gesehen werden, die sich ihrerseits ja wesentlich aus aufsehenerregenden Unternehmens- und Führungsskandalen speist. Auf globaler Ebene sei hier auf die Pleiten von Enron, WorldCom oder Lehman Brothers verwiesen, auf nationaler Ebene auf die Skandale rund um Arcandor, Siemens, Volkswagen oder Deutsche Bank. Und viele dieser Bad Management-Praktiken haben dabei ihre eigenen Bad Leadership-Protagonisten, so etwa Jeffrey Skilling und Kenneth Lay von Enron (die sich laut eigener Aussage überall als „the smartest guys in the room“ wähnten), Bernard „Kettensäge“ Ebbers von WorldCom, oder eben – hierzulande bekannter – Thomas Middelhoff, Martin Winterkorn oder Josef Ackermann. Führungspersonal im Übrigen, das allesamt Haftstrafen entweder verbüßen musste, einigermaßen knapp entging oder gegebenenfalls noch erhalten wird.[9] Die vielfältigen Spielarten einer gesellschaftlich unverantwortlichen Unternehmensführung – von kriminellen Handlungsweisen wie Steuerhinterziehung und Bilanzmanipulation, Cum-

Cum und Cum-Ex, „Schummel"-Software und Schmiergeldzahlungen bis hin zu „nur" moralisch fragwürdigen Praktiken wie Lohndumping, Downsizing und Green Washing – verweisen so gesehen unmittelbar auf unser Thema und dessen Teilaspekt der schlechten Führung *von* Unternehmen (CEOs, Top-Manager).

Analog dazu wird allerdings zunehmend auch eine schlechte Führung *in* Unternehmen, also eine schlechte Personal- oder Mitarbeiterführung, konstatiert und moniert. Die Datenlage ist hier recht eindeutig: So gaben in einer Studie der Ruhr-Universität Bochum[10] lediglich 20 Prozent der befragten Mitarbeiter an, mit dem eigenen Vorgesetzten zufrieden zu sein. Mehr als die Hälfte (56 Prozent) war hingegen entschieden unzufrieden. Fast ein Viertel der Befragten (23 Prozent) gab dem Chef gleich die schlechteste aller möglichen Bewertungen. Fazit: Eine deutliche Mehrheit beurteilte ihre Vorgesetzten als eine „einzige Katastrophe", weshalb der Chef in dieser Untersuchung als „Kündigungsgrund Nummer eins" gilt.[11] Nicht ganz so verheerend, aber schlimm genug, zeigt eine Studie des Gallup Umfrageinstituts aus dem Jahre 2018[12]: Der Anteil derer, die in deutschen Unternehmen mit „Hand, Herz und Verstand" (= hochmotiviert) arbeiten, ist mit 15 Prozent in etwa so groß wie der Anteil derjenigen, die innerlich vollständig gekündigt haben (14 Prozent). Der verbleibende „Rest" (71 Prozent) der Beschäftigten ist irgendwo im motivationalen Mittelfeld unterwegs und leistet mehr oder weniger Dienst nach Vorschrift. Wichtig dabei: Als zentrale Ursache hierfür gelten schlechte Führungskräfte. Und eine DGB-Umfrage aus 2019 stellt ihrerseits fest, dass knapp die Hälfte der Beschäftigten Angst vor ihrem Vorgesetzten hat, insbesondere wenn es gilt, Probleme im Betrieb anzusprechen. Und etwa jeder Dritte (32 Prozent) sieht sich durch Vorgesetzte persönlich nicht ausreichend wertgeschätzt.[13]

Dazu kommt: Der Trend hin zum Bad Leadership findet sich nicht nur im wirtschaftlichen Umfeld, sondern ebenso im politischen Bereich. Nun gut, für diesen Bereich könnte man schnell abwinken und sagen: „Bad Leadership war hier doch schon immer ein Thema!" – um gleich eine Aufzählung nachzulegen, die zu komplettieren dieses Buch leicht um einige Seiten verlängern würde: Idi Amin, Nicolae Ceausescu, Francois Duvalier (Papa Doc), Francisco Franco, Adolf Hitler, Ferdinand Marcos, Benito Mussolini, Manuel Noriega ...[14] Was das Thema Bad Leadership im politischen Bereich tatsächlich jedoch seit Kurzem nochmals puscht, ist etwas ganz anderes. Nämlich der bedenkliche Umstand, dass schlechte Führung keine Exklusivität mehr besitzt für die Diktatoren, Autokraten und Tyrannen dieser Welt – die im Übrigen laut einer Studie der Bertelsmann-Stiftung aktuell über rund 3,3 Milliarden „Geführte" herrschen.[15] Vielmehr scheint Bad Leadership auch in westlichen Demokratien auf dem Vormarsch. Die hierzulande derzeit medial zumeist Genannten heißen hier Jair Bolsonaro, Recep Tayyip

Erdoğan, Jarosław Kaczyński und Viktor Orban. Dazu kommen der Quasi-Absturz der US-amerikanischen Leadership-Qualität seit dem 20. Januar 2017 sowie jener der britischen ab dem 24. Juli 2019.

Und auch damit sind wir noch nicht am Ende. Denn Bad Leadership ist zuletzt auch zu einem drängenden und brennenden Problem sogar in einem Bereich geworden, der verbunden mit der Vorstellung vom „Guten Hirten" wie auch „Guten Oberhirten" von vielen bis dahin eher als Archetypus oder Refugium der guten Führung gesehen wurde, den Kirchen. Und nur der Form halber sei auch noch der Bereich des Sports angefügt mit seinen allzu häufig korruptionsanfälligen Institutionen und Führungspersonal, sprich: IOC, UEFA, FIFA, DFB. Auch diese Liste ließe sich fortsetzen.

## Ansätze, Ansätze, Ansätze

Das neue Augenmerk, das das Phänomen schlechte Führung in unserer Gesellschaft heute findet, war nun wohl auch der Wissenschaft und Forschung Anlass genug, die vormalige Zurückhaltung gegenüber der Thematik aufzugeben und diese nun geradezu in ihr Gegenteil zu verkehren. Ausweis dessen ist eine bemerkenswerte Flut an Begrifflichkeiten und dazu gehörigen Ansätzen, die allesamt rund um das Thema Bad Leadership kreisen. Einige dieser Ansätze lassen sich wie folgt kurz skizzieren:

- *Bad Leadership (Schlechte Führung)*: Die bislang einzige Monografie mit gleichem Titel wie das vorliegende Buch stammt von der renommierten Harvard-Professorin Barbara Kellerman.[16] Die Autorin definiert schlechte Führung dort durch sieben schlechte Verhaltensweisen (inkompetent, unbeweglich, maßlos, gefühllos, korrupt, engstirnig, bösartig), deren Ursprung sie vor allem in schlechten Eigenschaften (z.B. Gier) bzw. schlechten Charakteren (z.B. Narzissmus) der Führenden sieht. Sie betont allerdings auch, dass die Geführten stets ihr Scherflein zur Entstehung und Aufrechterhaltung eines Bad Leadership beitragen, sei es, indem sie eher unbeteiligt dem schlechten Treiben zuschauen, sei es, indem sie den schlechten Führer hierbei aktiv unterstützen. Und Kellerman stellt auch deutlich heraus, dass Bad Leadership wohl vieles sein kann, keinesfalls jedoch ein objektiver Tatbestand.[17] Soll heißen:

> Schlechte Führung kann variieren und oszillieren, insbesondere
>
> - in Bezug auf die *Intensität*, d.h. manche Führer sind sehr schlecht, andere vergleichsweise weniger,
> - in Bezug auf die *Bewertung*, d.h. was manche für schlechte Führung halten, kann anderen als gute Führung erscheinen, sowie

- in Bezug auf den *Zeitpunkt* der Bewertung, d.h. was früher als gute Führung angesehen wurde, kann später als schlechte Führung erscheinen – und umgekehrt.

Kurzum: Bad Leadership ist kein Faktum, sondern eine Wertung. Dies lohnt sich im Hinterkopf zu behalten!

- *Toxic Leadership (Giftige Führung)*: Unter diesem Stichwort geht Jean Lipman-Blumen[18] von der Claremont Graduate University der Frage nach, „warum wir destruktiven Vorgesetzten und korrupten Politikern folgen – und wie wir sie überleben können“, so der Untertitel ihres bekannten Buches zum Thema. Sie schert damit aus der breiten Phalanx all jener aus, die schlechte Führung im Wesentlichen durch das Schlechte in den Führenden erklären, und untersucht stattdessen, wie die Geführten ticken, wenn sie Führern selbst dann noch folgen, wenn deren destruktive Wirkungen für die Nation, die Organisation oder das Team bereits deutlich zu spüren oder sogar schon klar zu erkennen sind.
- *Destructive Leadership (Destruktive Führung)*: Der Begriff der destruktiven Führung wird zwischenzeitlich von einer Vielzahl von Autoren verwendet, sodass er als der derzeit vermutlich gängigste Terminus für unsere Problematik angesehen werden kann. Schlechte Führung wird hier insbesondere mit schlechten Führungszielen in Verbindung gebracht. Mit Blick auf den organisationalen Kontext unterscheidet beispielsweise das norwegische Forscherteam um Stale Einarsen[19] folgende Varianten einer destruktiven Führung: Wirkt die Führung zu Gunsten der Organisation, aber zu Lasten der Geführten, so sprechen sie von „tyrannischem Führungsverhalten“. Wirkt die Führung umgekehrt zu Gunsten der Geführten, aber zu Lasten der Organisation, dann liegt ein „unterstützend-disloyales Führungsverhalten“ vor. Die schlechteste der schlechten Führungen ist demnach ein „entgleistes Führungsverhalten“, das zu Lasten der Geführten und zu Lasten der Organisation geht. Hierzu ist beispielsweise ein Laissez-faire-Führungsverhalten zu rechnen, bei dem eine Führungsperson zwar formal eine Führungsposition bekleidet, sie Führungsfunktionen gleichwohl weitestmöglich meidet, sprich: Führungsentscheidungen verschiebt oder verweigert, weder Interesse an Performance-Zielen noch an Kontakt und Austausch mit den Geführten zeigt. In einer Untersuchung gaben für Norwegen[20] über 80% der rund 2.500 Befragten an, eine oder mehrere dieser Bad Leadership-Verhaltensweisen schon einmal in ihrer Organisation beobachtet zu haben, zuweilen sogar „nahezu regelmäßig“.
- *Abusive Supervision (Feindseliges Führungsverhalten)*: Diese Bad Leadership-Variante ist aufs Engste mit dem US-amerikanischen Führungsforscher Bennett Tepper[21] verbunden und behandelt genau das, was viele

intuitiv mit schlechter Führung verbinden: Ein Vorgesetztenverhalten, das von den Geführten als feindselig und aggressiv wahrgenommen wird, und das sich sowohl auf verbaler wie auf non-verbaler Ebene vollzieht. Als typische Ausdrucksformen solchen Verhaltens gelten lautes und ärgerliches Anschreien, öffentliches Kritisieren, Bloßstellen und „zum Sündenbock" stempeln von Geführten, taktlose und kränkende Bemerkungen, Herabsetzungen und Nötigungen, Unhöflichkeiten und Grobheiten oder die Darstellung von Ideen bzw. Leistungen der Geführten als die eigenen. Davon betroffen sind in den USA laut Tepper[22] immerhin 14% der Beschäftigten. Geschätzte Kosten pro Jahr: 23,8 Milliarden US-Dollar.

- *Pressure to Behave Unethically (PBU; Druck zu unethischen Verhaltensweisen)*: Auch diese Umschreibung eines hochproblematischen Führungsverhaltens geht auf Bennett Tepper[23] zurück. Angesprochen ist hier der Druck, den Geführte von Seiten übergeordneter Autoritäten verspüren und der darauf ausgerichtet ist, sich – vermeintlich „zum Wohle" der Organisation oder Institution – in unethischer Weise zu verhalten (z.B. Übervorteilung von Kunden, Zurückhaltung kritischer Informationen). Die Feststellung von Tepper, wonach für die USA in nahezu allen Unternehmensskandalen der jüngeren Vergangenheit (z.B. Enron, Arthur Andersen, Fannie Mae) PBU gut nachgewiesen werden kann, kann mit Blick auf die Unternehmensskandale der jüngeren deutschen Vergangenheit sicher ein gutes Stück weit übertragen werden (siehe z.B. die Entwicklung und den Einbau von manipulierter Software).
- *Exploitative Leadership (Ausbeuterische Führung)*: Dem PBU nicht ganz unähnlich ist das Konzept der ausbeuterischen Führung, das das Münchener Forschertrio Ellen Anke Schmid, Armin Pircher Verdorfer und Claudia Peus[24] in 2019 in die Debatte einbrachte und das schlechte Führung zuvorderst von einer Größe bestimmt sieht: dem Eigeninteresse des Führenden. Um den eigenen bzw. egoistischen Interessen bestmöglich zu dienen, üben ausbeuterische Führungskräfte entweder Druck auf die Geführten aus oder sie manipulieren sie in geschickter Weise, was eine andauernde Überbelastung bei den Geführten, je nachdem aber auch eine Unterforderung und/oder eine ausbleibende Weiterentwicklung nach sich ziehen kann.

Auf alle diese Ansätze kommen wir im Weiteren an jeweils geeigneter Stelle nochmals zu sprechen. Und diese Liste der Bad Leadership-Ansätze ließe sich noch fortschreiben, etwa durch Arbeiten zu den Themen Leader Bullying[25] (Mitarbeiter-Mobbing durch Vorgesetzte), Petty Tyranny[26] (herrsch-/rachsüchtige Verhaltensweisen des Führenden), Supervisor Undermining[27] (Führende, die die sozialen Beziehungen, Arbeitserfolge sowie das Ansehen ihrer Mitarbeiter gezielt unterminieren) oder auch Workplace Incivility[28] (grobe, unhöfliche Verhaltensweisen seitens des Führenden). Hiervon wollen wir jedoch absehen. Was wir stattdessen wollen, ist, die vorliegenden Beiträge zum Thema nehmen, ihre jeweils zentralen Inhalte erfassen und diese, ähnlich Mosaiksteinen geordnet aneinanderlegen. Je nachdem, wie sorgsam wir hierbei verfahren, ergeben sich zwei Bad Leadership-Bilder. Zwei? Zwei! Das erste Bild ist gewissermaßen das, was wir zu sehen bekommen, wenn wir auf das blicken, was uns der sogenannte „Mainstream" präsentiert: Die vorherrschende Sichtweise, der gemäß Bad Leadership schlicht eine *Abnormität*, eine Abweichung vom Normalen ist, die grundsätzlich *dysfunktional*, also unzweckmäßig wirkt und von daher von niemandem gewollt sein kann – und der es folglich mit vereinten Kräften zu begegnen gilt.[29] Dieses Bild ist, wie gesagt, jenes, welches am häufigsten gezeichnet wird[30] und welches wir von daher in aller Regel auch vor Augen haben, wenn wir mit dem Problem konfrontiert sind. Allerdings: Es lässt sich auch ein zweites Bild zeichnen, das nicht nur mehr Details aufweist, sondern auch Dinge abbildet, die wir im einfachen Bild gar nicht zu sehen bekommen. Betrachtet man dieses Bild genauer, dann kann man erkennen, dass Bad Leadership auch ganz anders gesehen werden kann, nämlich als eher *normal* für unser System, und als durchaus *rational* und *funktional* für manche seiner Akteure.[31] Folgt man Stephen Linstead, Professor für kritisches (!) Management an der York Management School und seinen Koautoren, dann wird das zweite Bild zuvorderst von jenen gezeichnet, die frustriert sind darüber, wie der Mainstream ethische, politische und ideologische Aspekte der Bad Leadership-Problematik übersieht, schlicht nicht zur Kenntnis nimmt und zuweilen sogar vertuscht.[32] Wir wollen hier natürlich auch die wichtigsten Facetten dieses Bildes nachzeichnen. Betrachten wir aber erst einmal das einfachere Bild – und zwar bezogen auf die Führung *in* Organisationen, sprich: die Personal- bzw. Mitarbeiterführung. Wir gehen dabei allerdings davon aus, dass man mit den nötigen Abänderungen ein solches Bild immer auch für andere Führungskontexte zeichnen kann (Führung *von* Organisationen, politische Führung etc.).

## Von der Hybris zur Nemesis – das einfache Bad Leadership-Bild

Was kommt uns als Erstes in den Sinn, wenn wir den Begriff Bad Leadership hören? Der *schlechte Führer*! Mit ihm – kaum je: ihr – beginnt im Grunde wohl jedes gedankliche Bild zum Thema (siehe Position (1) in Abbildung 1). Hier stellt sich dann die Frage, was den Bad Leader eigentlich so schlecht macht. Barbara Kellerman ging in ihrem Ansatz davon aus, dass solche Führende durch einen schlechten Charakter und/oder schlechte Eigenschaften negativ ausgezeichnet sind. Dies entspricht im Kern auch der aktuellen

Debatte, die zunehmend allerdings eine leicht andere Bestimmungsgröße des Schlechten fokussiert: Die sogenannte *„dunkle Triade“*[33], bestehend aus Narzissmus, Machiavellismus und Psychopathie – allesamt Persönlichkeitsprägungen, die sich laut Studien erkennbar häufiger in oberen und obersten Führungspositionen nachweisen lassen als im Bevölkerungsdurchschnitt.[34] Unmittelbarer Ausfluss des schlechten Wesens solcher Führungspersönlichkeiten ist ihr *schlechtes Führungsverhalten* – mit Bennett Tepper gesprochen: ihr feindseliger und aggressiver Führungsstil. Damit sind wir bei den *Geführten* (siehe Position (2) in Abbildung 1), die unter einem solchen Führungsverhalten natürlich leiden und mit einem *doppelten Abwärtstrend* hierauf reagieren. Erstens: Ihre Arbeits- und Lebenszufriedenheit sinkt, denn sie unterliegen zunehmend Stress, Angstgefühlen und Depression. Zweitens: Ihre Leistungsfähigkeit und Leistungsbereitschaft sinken, Demotivation und kontraproduktive Arbeitsweisen sind die Folge. Hier kommt dann die *Organisation* bzw. Institution ins Spiel (siehe Position (3) in Abbildung 1). Deren Leitung erkennt – wenn zuweilen auch spät –, dass Bad Leadership „eine teure Angelegenheit“[35] ist, da Produktivität und Gewinnentwicklung hierdurch negativ beeinflusst werden. Dies bestätigen all jene Untersuchungen, die im Kern bedeuten, dass schlechte Führung eine negative Korrelation zu positiven Befindlichkeiten und Verhaltensweisen der Geführten aufweist (z. B. individuelle Performance und persönliches Well-Being) und gleichzeitig eine positive Korrelation zu negativen Verhaltensweisen der Geführten besteht (Jobwechsel, kontraproduktives Arbeitsverhalten).[36] Und damit schließt sich der Kreis insofern, als die derart geschädigte Organisation den Bad Leader für dessen dysfunktionale Führungsfolgen natürlich zur Verantwortung zieht, also mit Sanktionen belegt, wofür in der einschlägigen Debatte vor allem der Begriff des *Derailment*[37] („Entgleisung“) steht: Entlassung, Versetzung oder zumindest Verharrung auf einem Karriereniveau, das hinter den Erwartungen und Möglichkeiten des Betreffenden zurückbleibt. Wollten wir die griechische Mythologie an dieser Stelle bemühen, dann könnten wir kurz schließen, dass Bad Leadership mit einer Art *Hybris* (Hochmut, Vermessenheit, Selbstüberschätzung, Realitätsverlust) des Führenden beginnt, früher oder später jedoch von *Nemesis*, der Göttin des gerechten Zorns bzw. der ausgleichenden Gerechtigkeit, abgestraft wird. Moderner, mit der sogenannten Spieltheorie gesprochen, könnte man ergänzend auch festhalten: Bad Leadership kennt keine Gewinner, nur Verlierer (Geführte, Organisation, Führender) und entspricht damit einer klassischen *„lose-lose-lose“-Konstellation*. Fazit: Letztlich gerecht – aber vor allem schlecht.

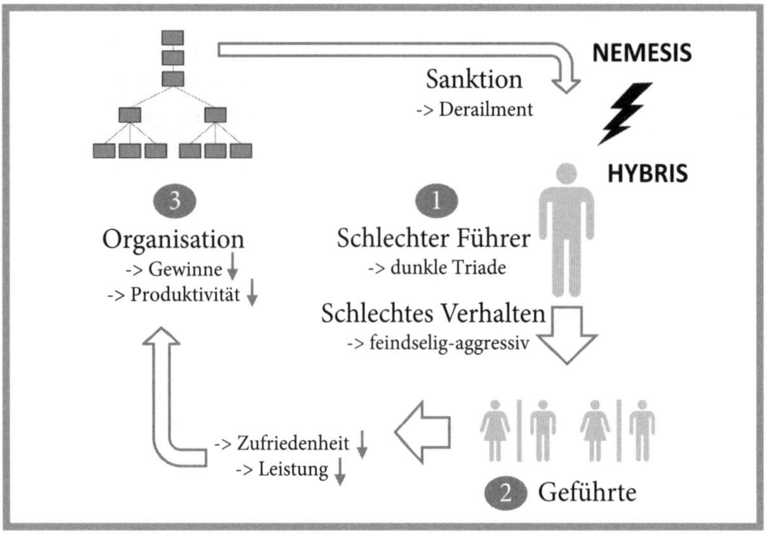


Abbildung 1: Das einfache Bad Leadership-Bild

## Was stimmt (nicht) an diesem Bild?

Vieles an diesem Bild ist sicher richtig, weshalb wir auf die meisten seiner Komponenten noch ausführlicher eingehen werden. Allerdings: Manches erscheint auch recht eindimensional, sprich: schlicht zu einfach dargestellt. Hier bedarf es folglich einer detailgetreueren Darstellung. Hinzu kommt: Wichtige Komponenten sind gar nicht abgebildet, womit das Bild unvollständig wird. Diesen Mängeln wollen wir im Rahmen unserer Möglichkeiten begegnen, indem wir uns eher an dem zweiten, kompletteren Bad Leadership-Bild versuchen. Da wir dabei nicht alle angesprochenen und bedeutsamen Bad Leadership-Bereiche (Unternehmensführung, Mitarbeiterführung, politische Führung, Führung in kirchlichen Organisationen, Führung von NGOs etc.) in gleicher Weise betrachten können, erscheint eine Fokussierung erforderlich. Nicht zuletzt aufgrund unserer eigenen Forschungsinteressen und -schwerpunkte wollen wir uns (wie in Abbildung 1 bereits erfolgt) auf den Bereich der Führung *in* Unternehmen konzentrieren, zu dessen Problemverständnis ein umfassenderes Eingehen auf den Bereich der Führung *von* Unternehmen gleichwohl unabdingbar erscheint. Im Mittelpunkt stehen im Weiteren somit die Leadership-Felder *Unternehmensführung* und *Personalführung*, wobei viele diesbezügliche Erkenntnisse sich mehr oder minder leicht auf andere Führungskontexte übertragen lassen.

Was ist nun aber gemeint, wenn wir von Mängeln im oben skizzierten Bild sprechen?

Mit Blick auf die Frage, woran ein Bad Leadership grundsätzlich zu erkennen ist (*Teil I des Buches*), gehen auch wir davon aus, dass schlechte Führung unmittelbar auf schlechtes (aggressives, feindseliges) Führungsverhalten verweist (*Kapitel 1*). Allerdings: Bad Leadership erschöpft sich nicht im Einsatz schlechter Führungsmittel, sondern kann sich ebenso in der Verfolgung schlechter Führungsziele vergegenwärtigen. Dabei gilt: Während Ersteres natürlich sehr leicht von den Geführten auszumachen ist, ist Letzteres in der Regel schwerer zu erkennen, erscheint die Bewusstwerdung dessen zuweilen überhaupt erst im Laufe der Zeit möglich. Dem entspricht die oben bereits erwähnte Einlassung von Barbara Kellerman, wonach eine Führung lange Zeit als gut angesehen werden kann (gutes Führungsverhalten), um viel später erst als fatale „Verführung" entlarvt oder enttarnt zu werden (schlechte Führungsziele). Auch auf diesen – im einfachen Bad Leadership-Bild fehlenden – Aspekt wollen wir ausführlicher zu sprechen kommen (*Kapitel 2*). Schließlich setzen wir uns mit der Frage auseinander, inwieweit Bad Leadership als soziales Problem mit wissenschaftlichen Methoden objektiv erfasst werden kann, bzw. inwieweit wir es hier mit einem Phänomen zu tun haben, das auf subjektiven Bewertungen beruht, die auf dem Wege vernünftiger Reflexion (Nachdenken) und Deliberation (öffentlicher Debatte) zumindest aber intersubjektive Gültigkeit erlangen können (*Kapitel 3*). Oder ganz einfach gefragt: Wann ist jemand ein guter bzw. ein schlechter Führer? Wenn Umfragen dies ergeben oder wenn gute Gründe dies belegen? (Merke: Das eine muss nicht unbedingt dem anderen entsprechen).

Im Rahmen unserer Auseinandersetzung mit den Ursachen für die Entstehung und Verbreitung eines Bad Leadership (*Teil II des Buches*) folgen wir dem einfachen Bild zunächst wiederum insofern, als auch wir schlechte Führung durch charakterlich schlechte Führende (mit-)verursacht sehen. Dies verweist unmittelbar auf die „dunkle Triade" aus Narzissmus, Machiavellismus und Psychopathie, die wir näher vorstellen wollen (*Kapitel 4*). Entgegen dem einfachen Bild gibt es allerdings noch weitere wichtige Zugänge zur Erklärung eines Bad Leadership. So ist bezogen auf die Führungsperson davon auszugehen, dass schlechte Führung nicht nur entsteht, weil Führende schlecht *sind*, sondern auch, wenn sie schlecht *werden*. Das heißt: Gute Führer können sich in schlechte Führer wandeln, was wir unter dem Stichwort der „dunklen Seite des Erfolgs" nachzeichnen wollen (*Kapitel 5*). Das Bad Leadership-Phänomen kann jedoch so lange nicht umfassend verstanden werden, solange wir ausschließlich der „Bad Apple"-Theorie folgen, sprich: davon ausgehen, dass schlechte Führung immer nur auf die negative Persönlichkeit des Führenden rückbezogen werden kann. Entsprechend weiten wir den Fokus, in dem wir schlechte Führung auch als Ergebnis einer schlechten Führungssituation erklären (*Kapitel 6*). Motto hier also:

Wer wissen will, warum so viele Äpfel (Führende) schlecht sind, der muss vielleicht auch einmal nachsehen, ob sie nicht in schlechten Fässern (Führungskontexten) gelagert wurden. Schließlich ist aber auch zu vermerken, dass die Geführten im Falle schlechter Führung nicht ausschließlich als Opfer zu sehen sind, sondern auch (Mit-)Täter sein können. Sprich: Sie tragen womöglich ihr Scherflein – und vielleicht mehr als das – zur Entstehung und Aufrechterhaltung einer solchen Führung bei. Auf diesen nicht zu vernachlässigenden Aspekt gehen wir zum Ende unserer Bad Leadership-Erklärungen ein (*Kapitel 7*).

Schließlich gilt es, einem Bad Leadership zu begegnen (*Teil III des Buches*). Das einfache Bild geht diesbezüglich davon aus, dass jede schlechte Führung scheitern wird, weil sie der erfolgsorientierten Organisationsleitung früher oder später zum Dorn im Auge und diese deshalb (v.a. Personalmanagement-)Aktivitäten anstrengen wird, um den schlecht Führenden ihre Macht zu nehmen und sie „entgleisen" zu lassen. Wie dies organisiert vonstattengehen soll, zeichnen wir – versehen mit einigen kritischem Bezügen – genauer nach (*Kapitel 8*). Von dieser Vorstellung ist es eigentlich nur ein kurzer Sprung hin zur Überlegung, dass, wenn man einerseits schlechte Führer erkennen und aussortieren kann, man andererseits ja auch gleich gute Führer bestimmen und „einsortieren" könnte. Eine Bekämpfung der „dunklen Triade" beinhaltet so gesehen auch die Beförderung einer „hellen Triade" (*Kapitel 9*). Das Problem dieser „Doppelstrategie": Sie gründet auf der Vorstellung, dass schlechte Führer stets erfolglos und gute Führer stets erfolgreich wirken. Was aber, wenn dem gar nicht so ist? (*Kapitel 10*) Dann lässt sich erkennen, dass Bad Leadership für viele zwar mit negativen, für wenige hingegen mit positiven Auswirkungen verbunden ist – was den fortschreitenden Prozess der Verschlechterung der Führung erklärt, eine Verbesserung der Führung erschwert und letztlich in den Rang einer gesellschaftlichen Herausforderung erhebt (*Kapitel 11*).

Sollten unsere Überlegungen und Ausführungen mithelfen, die Fehlentwicklungen in unserer Führungswelt besser zu verstehen und damit auch ein Stück weit zu den erforderlichen Korrekturen beizutragen, dann sehen wir den Zweck dieses Buches als erreicht an.

# Teil 1

## Woran man schlechte Führung erkennt

# Kapitel 1
# Aggressivität und Feindseligkeit – oder: Wenn Führung sich unsauberer Mittel bedient

*„You're eunuchs! How can your wives stand you? You've got nothing between your legs!"*

CEO, weiblich, gegenüber Mitarbeitern, männlich[38]

Die unmittelbarste gedankliche Verbindung mit einem Bad Leadership ist vermutlich die Vorstellung eines Vorgesetzten, der seine Mitarbeiter tagtäglich schlecht behandelt. Bennett Tepper prägte in diesem Zusammenhang den ja bereits genannten Begriff der feinseligen Führung („Abusive Supervision"). Noch deutlicher wird der Stanford-Professor Robert Sutton, der mit seinem Buch „Der Arschloch-Faktor" einen mittleren Bestseller gelandet hat. Er bezeichnet schlechte Führungskräfte unverblümt (und auflageträchtig) als „Arschlöcher" – und damit ziemlich genau so, wie sie im Alltag von den meisten wohl auch tituliert werden dürften. Hierunter fallen alle Wichtigtuer, Intriganten, Tyrannen und Egomanen, die sich tagtäglich und andauernd in entsprechender Weise verhalten und so dafür sorgen, dass andere – vorzugsweise die eigenen Mitarbeiter – sich immer aufs Neue herabgesetzt, klein gemacht, erniedrigt, verachtet, unterdrückt, geschwächt und einfach nur schlecht fühlen. Wohlgemerkt: Nur wer sich andauernd so verhält, verdient nach Sutton das Attribut „amtliches Arschloch". Leute, die sich nur ab und an, sozusagen an schlechten Tagen, so verhalten, sind als „temporäre Arschlöcher" hiervon abzugrenzen.[39]

## Everyone has a war story

Vielleicht stimmt es wirklich, was die US-amerikanische Journalistin Hara Estroff Marano[40] in ihrem Beitrag zum Thema „Wenn der Chef ein Tyrann ist" („When the Boss is a Bully") behauptet: Jeder hat eine „Kriegsgeschichte", die von Erfahrungen mit schlechten Chefs kündet. Sie auch? Vielleicht sieht diese ähnlich aus wie jene, die Harvey Hornstein in seinem Buch „Brutale Chefs und ihre Beute" exemplarisch schildert?[41]

„Billy", sagte er. Er stand im Türrahmen, sodass alle in dem zentralen Bereich uns sehen und deutlich hören konnten. „Billy, das taugt nichts, das taugt überhaupt nichts ...". Während er sprach, zerknüllte er die Papiere, die er in der Hand hielt. Meine Arbeit. Er zerknüllte ein Blatt nach dem anderen, hielt sie vor sich, als wären sie irgendwas Schmutziges, und warf sie vor den Augen der anderen in mein Büro. Dann verkündete er mit lauter Stimme: „Mist kommt rein, Mist geht raus."

Wenn jeder eine „Kriegsgeschichte" hat, dann wollen wir nicht nachstehen und berichten wie folgt: Nach abgeschlossenem Studium und vor der anstehenden Promotion arbeitete ich (TK) für sechs Monate übergangsweise bei einer Industrie- und Handelskammer in heimatlicher Nähe. Ziel: Geld verdienen und Praxiserfahrung sammeln. Schnell wurde mir hier im Kollegenkreis zugetragen, dass einmal im Monat ein Meeting im Großen Sitzungssaal stattfinde, an dem der Hauptgeschäftsführer sich von allen Mitarbeitern der Zentrale berichten ließ und dass es bei jedem dieser Meetings mindestens eine „Hinrichtung" gab, sprich: die verbale Vernichtung eines Mitarbeiters und seiner Leistung vor versammelter Mannschaft. Als befristeter Mitarbeiter musste ich hieran nicht teilnehmen. Was bis heute jedoch in Erinnerung geblieben ist, ist ein kurzer Moment unmittelbar vor einem solchen Meeting, als ich bei meinem damaligen „Betreuer", einem promovierten Volkswirt, im Büro saß, und dieser noch einen Kaffee trinken wollte, es aber nicht schaffte, weil seine Hände so zitterten, dass er die Tasse nicht halten konnte. Mein Gedanke damals: „Mein Gott, das ist ein promovierter Volkswirt! Wie kann der solche Angst haben?" Heute weiß ich: Doktorgrad und Angstfreiheit stehen in keiner kausalen Beziehung zueinander.

Und auch auf der allerobersten Ebene, der CEO-Ebene, sieht das Leadership nicht immer besser aus. Hier gilt kein geringerer als Apple Gründer Steve Jobs als Paradebeispiel für einen „Bad Leader". Robert Sutton belegt dies eindrücklich mit einem simplen Verfahren, nämlich der Eingabe der Wörter „Steve Jobs" und „Asshole" bei Google.[42] Wir folgen dem Beispiel, geben das zweite Wort allerdings in deutscher Übersetzung ein – und erhalten in 0,32 Sekunden 96.600 Treffer. Der erste Treffer lautet: „Wie Steve Jobs seine Mitarbeiter schikanierte!" und führt unter der Überschrift wie folgt aus: „Der verstorbene Apple-Chef war zweifellos ein großer Mann, ein Visionär. Doch Teil seiner Biografie ist auch: Er war Tyrann, jähzorniger Schikaneur und 'führender Egomane'".[43] Im Gegensatz zum offiziellen Slogan „Denke anders!" galt bei Apple intern von daher chefbezogenen eher die Devise: „Denke lieber nicht anders!"[44]

**Steve Jobs**

*(Quelle: Entnommen aus einem Video der StartupAcademy)*

Selbstredend gibt es auch abseits formaler Organisationen „Kriegsgeschichten". Ein schönes Beispiel hierfür erzählt von Sting, seines Zeichens nicht nur Bassist und Sänger der Gruppe „The Police", sondern zudem auch Komponist und Texter fast aller Songs und praktisch aller Hits der Band. Insofern: (machtmäßig) der Leader. Zur Fertigstellung des Albums „Zenyatta Mondatta" fehlten Sting allerdings noch Songs – was Gitarrist Andy Summers zum Anlass nahm, eine „Lösung" zu präsentieren: ein Song aus seiner Feder, Titel: „Behind My Camel". Keine gute Idee. Sting hasste den Song vom ersten Ton an und weigerte sich kategorisch, ihn mitzuspielen. Summers und Drummer Copeland nahmen den Titel deshalb kurzerhand in Eigenregie auf. Der entsetzte Sting schnappte sich daraufhin die Bänder, verließ das Studio, nahm sich einen Spaten und vergrub die Tapes demonstrativ im Garten hinter dem Haus. Demütigung von „Mitarbeitern" trifft es hier ganz gut. Weitere Streitereien und Prügeleien begründeten 1984 dann auch das Ende von „The Police" – zum weiteren Nutzen vor allem des „Bad Leaders". Apropos „Behind My Camel": Summers und Copeland gruben das Band wieder aus und da weiterhin Songs fehlten, kam der Titel doch noch auf die LP. Im selben Jahr erhielt er dann den Grammy als bestes Rock-Instrumental. Fazit von Summers in seiner Autobiografie: „There is justice in this world after all."[45] Kann man allerdings auch anders sehen, denn Sting nahm den Grammy entgegen.[46]

Worum „War Stories" im Leadership-Bereich ansonsten üblicherweise kreisen, haben Daniel May, Jan Schilling und Birgit Schyns in folgender Übersicht (Abbildung 2) zusammengetragen:

- Mitarbeitende betont unfreundlich und unhöflich behandeln
- Verbale Aggression gegenüber Mitarbeitenden (z. B. beleidigen, anschreien)
- Anderweitig aufgebauten Ärger an Mitarbeitenden auslassen
- Mitarbeitende für eigene Fehler verantwortlich machen
- Mitarbeitenden demonstrativ die Anerkennung für gute Leistungen verweigern
- Mitarbeitende willkürlich bestrafen
- Mitarbeitende täuschen, belügen oder hintergehen
- Mitarbeitende im Stich lassen, sich illoyal verhalten
- Mitarbeitende gegeneinander ausspielen
- Mitarbeitende gängeln/bevormunden
- Mitarbeitende übergehen, nicht in Prozesse einbinden
- Mitarbeitende unter Druck setzen, einschüchtern
- Mitarbeitende mit Aufgaben überlasten
- Leistungen/Erfolge von Mitarbeitenden für sich beanspruchen

Abbildung 2: Zentrale destruktive Führungsverhaltensweisen[47]

## Schlechte Folgen allenthalben

Die Management-Wissenschaftlerinnen Christine Porath und Christine Pearson[48] haben die Folgewirkungen von solch „unzivilisierten Umgangsformen" im Rahmen der Führung untersucht und die „erschreckenden Wirkungen" auf die Geführten – und darüber hinaus auch auf die Organisation – im Einzelnen wie folgt beziffert:

- 48% haben ihren Arbeitseinsatz vorsätzlich gesenkt
- 47% haben ihre Arbeitszeit vorsätzlich gekürzt
- 38% haben die Qualität ihrer Arbeit vorsätzlich verringert
- 80% haben Arbeitszeit verloren, weil sie sich über bestimmte Vorfälle im Rahmen der Führung sorgten
- 63% haben Arbeitszeit verloren, weil sie ihrem Vorgesetzten ausweichen wollten
- 66% gaben an, dass ihre Leistung sank
- 78% gaben an, dass ihr Commitment gegenüber der Organisation geringer wurde

- 12% gaben an, dass sie die Organisation infolge „unzivilisierter" Verhaltensweisen des Vorgesetzten verlassen haben.

Zu vergleichbaren Erkenntnissen kommt eine vielzitierte Meta-Analyse von Birgit Schyns und Jan Schilling unter dem Titel „Wie schlecht sind die Wirkungen schlechter Führer?"[49], bei der die Daten von 57 Einzelstudien zum Thema ausgewertet und zusammengefasst wurden. Summa summarum zeigt sich dabei: Das, was eigentlich unerwünscht ist, nimmt durch schlechte Führung zu (z.B. negative Emotionen, Stress, Kündigungsabsichten), während gleichzeitig das abnimmt, was gemeinhin erwünscht ist (z.B. Arbeitszufriedenheit, Arbeitsleistung, Commitment). Zentrale Ergebnisse dieser Untersuchung sind in Abbildung 3 nochmals zusammengefasst:

*Je mehr destruktives Führungsverhalten, desto* ***mehr*** *...*

- kontraproduktives Arbeitsverhalten (++)
- negative Emotionen (++)
- Kündigungsabsichten (++)
- Widerstand gegenüber der Führungskraft (++)
- Stress (++)

+/- = geringer Zusammenhang
++/-- = mittlerer Zusammenhang
+++/--- = starker Zusammenhang

*Je mehr destruktives Führungsverhalten, desto* ***weniger/schlechtere*** *...*

- positive Selbstbewertung (-)
- Leistung (--)
- Commitment (--)
- organisationale Gerechtigkeit (--)
- Arbeitseinstellung (--)
- Arbeitszufriedenheit (--)
- Wohlbefinden (--)
- Einstellung gegenüber der Führungskraft (z.B. Identifikation mit der Führungskraft) (---)

Abbildung 3: Folgen destruktiver Führung[50]

Und die Liste der negativen Folgewirkungen einer schlechten Führung liesse sich problemlos fortsetzen: So wurde beispielsweise ein negativer Zusammenhang zwischen feindseligem Führungsverhalten und der Kreativität der Geführten festgestellt[51], sprich: Bad Leadership ist ein organisationaler Kreativitätskiller! Eine solche Führung kann sich zudem wie ein Krebsgeschwür ausbreiten, sprich: einen sogenannten „Trickle-Down"-Effekt haben, was bedeutet, dass es sich kaskadenartig von oben nach unten immer weiter fortsetzt. Motto: Wer schlecht geführt wird, führt selber auch schlecht. Am Ende entsteht dann so etwas wie ein komplett destruktives Organisationsklima[52].

## Destruktive Führung = Führungsstil der Dummen!?

Im Grunde sind wir damit wieder bei unserem einfachen Bad Leadership-Bild (siehe Abbildung 1) und dessen Kernaussage, die lautet: Wer destruktiv führt, der schadet nicht nur den Geführten (höherer Stress, geringeres Well-Being), sondern ebenso der Organisation als Ganzes (abnehmende Leistung, niedrigerer Gewinn) und sollte deshalb damit rechnen, dass ihm früher oder später die Quittung für sein Performance-feindliches Leadership präsentiert wird. Bad Leadership bestätigt so gesehen die überkommene „Light Side of Leadership", die auf der einen Seite ja besagt: „It pays to be civil"[53]! – soll heißen: Es ist gut für alle, wenn sich Führende höflich, anständig, gerecht, fair, authentisch, achtsam, dienend etc. verhalten –, und umgekehrt bedeutet: Eine toxische, tyrannische, destruktive, unzivilisierte und/oder ausbeuterische Führung ist schlecht für alle. Wer so führt, der verursacht viel Leid und erhebliche Kosten – und wird als Führender scheitern! Und wer dennoch so führt, der kann im Grunde nur als einigermaßen dumm bezeichnet werden, weil er sehenden Auges in sein eigenes Verhängnis läuft.

Obgleich – Sting und Steve Jobs sind jetzt nicht gerade in ihr eigenes Verhängnis gelaufen. Allein schon aufgrund dessen erlauben wir uns an dieser Stelle, dem allgemeinen Unisono mit einem kurzen Kontrapunkt zu begegnen und schlicht nachzufragen: Stimmt das alles wirklich so? Konkret: Wenn Porath und Pearson in ihrer Studie ermitteln, dass infolge „unzivilisierter Umgangsformen" rund die Hälfte aller befragten Mitarbeiter ihren Arbeitseinsatz und ihre Arbeitszeit vorsätzlich gesenkt haben, dann fragen wir uns: Wo arbeiten diese Leute? Offensichtlich in einer Organisation, in der der Einzelne seine objektive Arbeitszeit und messbare Arbeitsleistung gemäß seiner subjektiven Arbeitszufriedenheit selbst bestimmen kann.[54] Ist mein Vorgesetzter ein Guter, dann leiste ich viel. Ist er ein Schlechter, dann verweigere ich die Leistung getreu dem Motto: „Unter diesen Bedingungen kann ich nicht arbeiten!" Und überhaupt: Leisten nicht viele Menschen eher mehr als weniger, um im Anbetracht eines destruktiven Vorgesetzten aggressiver und feindseliger Behandlung zu entgehen? Die Antwort liegt womöglich in jenen Zahlen, die Studien wie jene von Porath und Pearson *nicht* direkt ausweisen. Soll heißen: Wenn die Hälfte der Befragten ihren Arbeitseinsatz und ihre Arbeitszeit aufgrund schlechter Führung senkt, dann zeigt die andere Hälfte entweder keine Reaktion auf Bad Leadership – oder verfällt in das glatte Gegenteil: angstgetrieben länger arbeiten und mehr leisten! Eine solche „Angst vor nicht hinreichender Leistung"[55] wäre so dann auch schon ein zusätzlicher Mosaikstein für das zweite, etwas genauere Bad Leadership-Bild (siehe Einleitung). Und hinsichtlich dieses Bildes lassen sich hier gleich noch zwei weitere Hinweise anfügen. Sie betreffen unser Alltagsdenken über Führung (sogenannte „implizite Führungstheorie"[56]), dem die Neigung innezuwohnen scheint, schlechte Führung als relativ normal anzusehen – ja, sie mitunter sogar fasziniert zu betrachten.

## Die Normalität des Schlechten

Die Dinge sind manchmal nicht so eindeutig, wie sie auf den ersten Blick erscheinen. Darauf weist im Führungskontext das Autorentrio um den chinesischen Management-Forscher Hoa Ma[57] hin. Denn dieses Trio diagnostiziert ein Paradox in unserem Denken derart, dass wir einerseits selbstredend Führende wollen, die sympathisch und zugänglich sind, mit denen wir eine gute Beziehung pflegen können und denen wir womöglich sogar nacheifern wollen (Stichwort: Vorbildfunktion des Vorgesetzten). Andererseits scheint es aber auch so zu sein, dass wir einer Führung auch zubilligen, Schlechtes zu tun, wenn die Notwendigkeit es verlangt, sprich: mit „harter Hand" zu regieren, mit „eiserner Faust" zu agieren und wenn nötig sich auch die „Hände schmutzig" zu machen. Dies bedeutet letztlich, dass gemäß dem allgemeinen Verständnis Führende nicht immer und überall gut sein können und Gutes tun müssen, sondern dass jeder Führung potenziell immer auch etwas Negatives, Destruktives oder Tyrannisches innewohnen darf – dies vermutlich vorzugsweise jedoch nur solange, wie wir selbst hiervon nicht betroffen sind. Diese Normalität und Akzeptanz des Schlechten verdeutlicht recht schön ein älterer Bericht aus der *Wirtschaftswoche*[58], der dem seinerzeit berühmt-berüchtigten VW-Vorstand Ignacio López in sehr ambivalenter Weise huldigte.

**José Ignacio López: Der Automanager**

Die Einen nennen ihn den „Gnadenlosen" oder kurz den „Vollstrecker". Für die Anderen ist er ein arbeitswütiger Wundermann, der „Talisman der Automobilindustrie" oder einfach nur „Superlópez" ...

Es ist ein besonderes Merkmal von López, dass er jegliche Verschwendung schon auf eine Entfernung von hundert Metern wittert und sie sofort beseitigt. Wie Mitarbeiter berichten, wird er geradezu unerträglich, wenn eine heftig sprudelnde Verlustquelle nicht heute, sondern erst morgen gestopft wird. Geduld ist gewiss keine Stärke des Basken mit den bohrenden Augen. Der Nichtraucher und Nichttrinker ist ein Besessener. Was er sich einmal in den Kopf gesetzt hat, führt er schnellstmöglich aus. Man kann dies Sturheit nennen oder Dickköpfigkeit. Tatsache aber ist: „López", so müssen auch die Kritiker anerkennen, „versteht es, Druck zu machen".

Einmal in Fahrt, kann ihn kaum mehr etwas stoppen – die Manager der Zulieferindustrie wissen ein Lied davon zu singen. Er trickst bei Verkaufsverhandlungen und droht mit Billiganbietern aus dem Ausland. Um Preise zu drücken, spielt er mit großem Geschick Mitarbeiter und

Unternehmen gegeneinander aus. Er verbreitet Hektik und setzt diese als taktisches Mittel ein. Und er begeht schon einmal eine Notlüge, wenn es ihm einen Vorteil verschafft.

López kann daran nichts Verwerfliches finden: „Ich bin hart, ich bin erfolgreich, mein Team ist das professionellste der Welt – wo liegt das Problem?“

## Die Faszination des Schlechten

Geht man noch einen Schritt weiter, dann kann auch behauptet werden, dass die „dunkle Seite“ der Führung vielfach eine regelrechte Faszination ausübt – zumindest, solange das Ganze noch mit einigen positiven Zuschreibungen garniert wird. Typisch hierfür ist der Bereich der charismatischen Führung, wo häufig weder das allzu Gute und noch das völlig Normale beheimatet zu sein scheinen. Ein erstes und einfaches Beispiel hierfür liefert die Werbung für das Buch „Steve Jobs. Die autorisierte Biografie des Apple-Gründers“[59], die auf ganzseitigen Anzeigen verkündete: „Er ist selbstherrlich, visionär, despotisch, charismatisch und er ist genial“ – wobei uns Selbstherrlichkeit und Despotismus in diesem Zusammenhang fast schon nicht mehr negativ erscheinen. Ein weiteres und genaueres Beispiel liefert eine Studie von Mareen Bewernick, Georg Schreyögg und Jana Costas[60] aus dem Jahre 2013. Titel: „Charismatische Führung: Die Konstruktion von Charisma durch die deutsche Wirtschaftspresse am Beispiel von Ferdinand Piëch.“ Ausgangspunkt ist hier die im wissenschaftlichen Bereich unstrittige These, dass Charisma keine Eigenschaft ist, die ein Führender besitzt oder nicht, sondern eine Zuschreibung: der Geführten oder anderer Beobachter. Und solche Zuschreibungen sind, wie der Titel des Beitrags bereits verdeutlicht, häufig Konstruktionen, die sich beispielsweise aus entsprechenden Berichterstattungen in den Medien ergeben. Die Autoren haben für ihre Studie insgesamt 77 Beiträge über Ferdinand Piëch inhaltsanalytisch ausgewertet: 42 Artikel aus dem *Handelsblatt*, 9 Artikel aus der *WirtschaftsWoche* und 26 Artikel aus dem *manager magazin*. Alle Charakterisierungen des früheren VW-Managers wurden dabei gesammelt und geordnet, woraus sich letztlich folgende 18 Codes und 4 Kategorien ergaben (Abbildung 4):

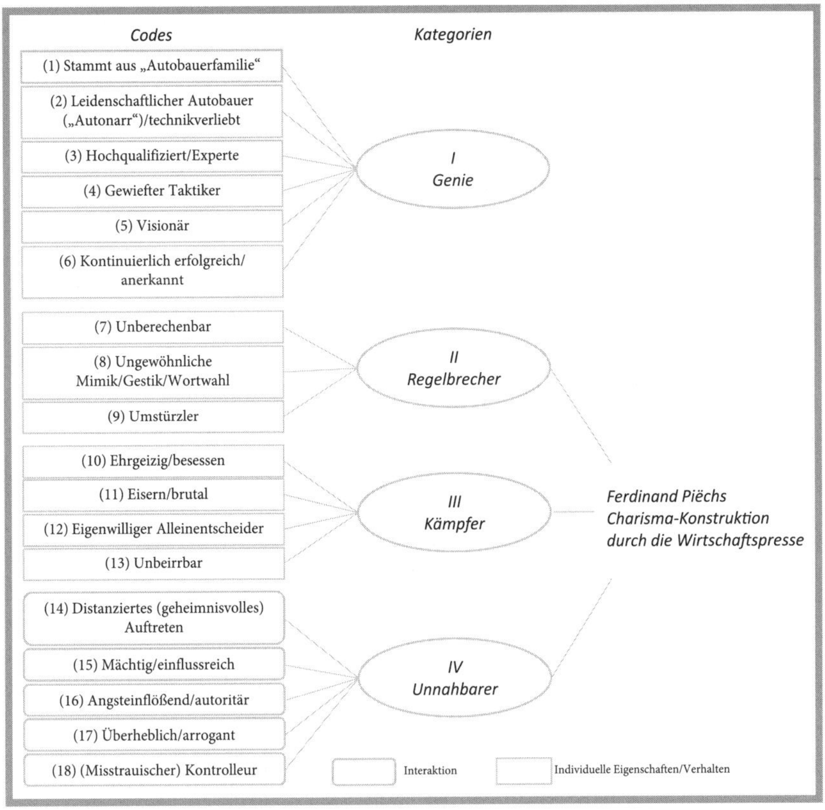


Abbildung 4: Code- und Kategoriensystem für Ferdinand Piëch[61]

Die charismatische Ausstrahlungskraft von Ferdinand Piëch auf andere beruhte demnach auf Eigenschaften und Verhaltensweisen (Codes 1 bis 13), von denen eigentlich nur sehr wenige als uneingeschränkt gut zu werten sind (am ehesten: Experte, Visionär), wohingegen die Mehrzahl eher zu einer schlechten Führung passend erscheint (z.B. unberechenbar, ehrgeizig/besessen, eisern/brutal, eigenwilliger Alleinentscheider). Noch eindeutiger wird es bei den unmittelbar führungsrelevanten Interaktions-Codes (14 bis 18), die fast durchgängig negativ besetzt sind und jedem Bad Leader gut zu Gesicht stünden: distanziertes Auftreten, angsteinflößend/autoritär, überheblich/arrogant, (misstrauischer) Kontrolleur.

## Fazit: Bekommen nette Typen keinen Rock'n'Roll hin?

Kommen wir noch einmal auf „The Police" zurück. In einem Interview mit der Überschrift „Wir haben uns nicht die ganze Zeit gehasst" betont Andy

Summers, Kompositeur von „Behind My Camel": „Du brauchst diese kreativen Spannungen. Wenn man nur drei nette Typen mit Instrumenten in einem Raum stellt, werden die keinen aufregenden Rock'n'Roll hinbekommen". Übertragen auf die Führung könnte dies bedeuten: Führungskräfte, die über gute Eigenschaften zu Hauf verfügen und sich uns und allen anderen gegenüber stets anständig verhalten, werden von uns zwar sehnlichst erwünscht und aufs Höchste geschätzt. Aber sind das dann auch die wirklich erfolgreichen Führungskräfte? Wenn nicht, ist destruktive Führung dann vielleicht gar nicht die Führung der Dummen, sondern die der Schlauen? Und wenn sich zivilisiertes Führungsverhalten nicht so sehr auszahlt wie autoritäres, arrogantes und brutales (siehe Steve Jobs, Sting, Ferdinand Piëch, Ignacio López), dann zerrinnt uns das einfache Bad Leadership-Bild und die darin abgebildete „Light Side of Leadership" gewissermaßen zwischen den Händen. Auf diesen Gedanken kommt auch Robert Sutton in seinen Überlegungen zum „Arschloch-Faktor". Denn hier listet er zwar in gewohnter Manier all die Schäden auf, die Arschlöcher ihren Opfern, ihren Organisationen und auch sich selbst antun[62], um zuletzt dann allerdings auch zu vermerken: „Die unselige Wahrheit lautet: Hin und wieder lohnt es sich tatsächlich, sich wie ein Arschloch aufzuführen. Wenn Sie den inneren Mistkerl von der Kette lassen, kann Ihnen das helfen, mehr Macht zu gewinnen, Rivalen zu besiegen, durch Angst zu mehr Leistung zu motivieren und ignorante und inkompetente Leute zur Vernunft zu bringen."[63]

Dies ist kein Plädoyer für schlechte Führung, sondern für eine differenzierte Sichtweise. Sprich: So wie vermutlich gutes Führungsverhalten dem Führenden nicht in jedem Falle ungeahnte Führungserfolge beschert, so wenig wird schlechtes Führungsverhalten für jeden Führenden unweigerlich in der Katastrophe enden. Der Glaube an die Gleichungen „gut = erfolgreich" und „schlecht = erfolglos" mag vielleicht beruhigen, kann mit Blick auf die Realitäten aber wohl kaum universelle Gültigkeit beanspruchen.

# Kapitel 2
# Gewinner und Verlierer – oder: Wenn Führung die falschen Ziele verfolgt

*„Glaubst Du, man kann unschuldig herrschen?“*
Jean-Paul Sartre, Die Schmutzigen Hände

Das einfache Bad Leadership-Bild (Abbildung 1) kennt, was den Bereich der individuellen bzw. institutionellen Ziele und Interessen angeht, im Grunde nur von zwei Konstellationen:

- Entweder Führung ist „gut“, was die Zufriedenheit und Motivation der Geführten steigert, gute Performance und hohen Shareholder Value zur Zufriedenheit der Organisation nach sich zieht, die sich infolge dessen ihrerseits veranlasst sieht, den gut und erfolgreich Führenden zu belohnen – dies nun zu dessen Zufriedenheit! Gute Führung verweist somit auf Zufriedenheit allerorten oder, wie man neudeutsch sagt: auf eine *„win-win-win“*-Konstellation.
- Oder Führung ist schlicht „schlecht“ – mit den bereits dargelegten Negativfolgen für alle Beteiligten und dem Ergebnis einer eindeutigen *„lose-lose-lose“*-Konstellation.

Gezeichnet ist damit eine Art großer Gleichklang aller Interessen – was nicht nur völlig unpolitisch, sondern auch reichlich weltfremd erscheint. Wir sollten uns deshalb nicht mit diesem einfachen Bild begnügen, sondern eines zeichnen, das auch eine dritte Konstellation in Betracht zu ziehen vermag, nämlich: *„win-lose“*! Hieraus folgt dann, dass Bad Leadership eben nicht nur auf ein destruktives Führungsverhalten reduziert werden kann (siehe Kapitel 1), sondern sich auch in *destruktiven Führungszielen* vergegenwärtigen kann.[64] Von solchen zu sprechen macht Sinn, wenn Führung keinen vernünftigen Ausgleich zwischen den relevanten Interessen anstrebt, sondern lediglich bestimmte Interessen zu verwirklichen sucht und auf diese Weise systematisch Gewinner und Verlierer produziert. Die wichtigsten Facetten dieser Problematik wollen wir im Folgenden herausarbeiten.

## Führung im Interessenkonflikt von Organisation und Mitarbeiter

Ein Bad Leadership-Ansatz, der sich ausdrücklich auf die politische Dimension von Führung bezieht, ist der bereits erwähnte von der norwegischen Forschergruppe um Stale Einarsen[65]. Diese sieht Führung – analog zum üblichen und übergeordneten Interessenkonflikt zwischen Kapital und Arbeit – im Spannungsfeld zweier Interessenlagen: der Geführten und der Organisation. Gelingt es der Führung dabei sowohl zu Gunsten der Geführten als auch zu Gunsten der Organisation zu wirken, dann darf von einem „konstruktiven Führungsverhalten" gesprochen werden. Man könnte auch sagen: *Good Leadership*! Exemplarisch gesprochen: Sie haben das Projekt so geleitet, dass es innerhalb der vorgegebenen Frist erfolgreich abgeschlossen werden konnte, und die Mitarbeitenden signalisieren ihnen, dass sie viel hieraus lernen konnten und der Team Spirit einfach super war.

*Bad Leadership* liegt demgegenüber dann vor, wenn die Führung zu Lasten entweder der Geführten, der Organisation, oder beider Interessengruppen gleichermaßen geht. Die entsprechenden Verhaltensweisen der Führung lassen sich wie folgt benennen und erläutern:

- *„Tyrannisch"* ist ein Führungsverhalten, das organisationale (Leistungs-) Ziele auf Kosten der Mitarbeiter(-ziele) zu erreichen sucht. Anhand unseres einfachen Beispiels gesprochen: Das Projekt ist termingetreu abgeschlossen und inhaltlich ein Erfolg, Well-Being und Work-Life-Balance der beteiligten Mitarbeiter sind hingegen völlig aus dem Lot. Der Führende kann demnach sehr widersprüchlich bewertet werden, sprich: von höheren Instanzen als „Bringer" gefeiert, von den eigenen Mitarbeitern hingegen als „Schinder" verdammt werden.
- *„Unterstützend-disloyal"* ist ein Führungsverhalten, das auf kameradschaftliche Beziehungen mit den Geführten ausgerichtet ist und im Zuge dessen die Verfolgung organisationaler Ziele vernachlässigt – wobei zu präzisieren ist: Die Vernachlässigung der organisationalen Ziele muss nicht notwendigerweise in der Absicht des unterstützend-disloyal Führenden liegen; möglich ist vielmehr auch, dass der Vorgesetzte entsprechend einer ganz eigenen „Vision" handelt, die von den Werten und Zielen der Organisation zwar erkennbar abweicht, von der der Führende aber dennoch annimmt, das entsprechendes Führungsverhalten zuletzt auch im Sinne der Organisation sein wird.[66] Am Projektbeispiel gesprochen: Sie dachten, wenn sie einfach nur für beste Stimmung im Team sorgen, dann wird die Erledigung der Aufgabe ein Selbstläufer – war dann aber nicht so.
- *„Entgleistes Führungsverhalten"* ist ein Führungsverhalten, das insofern „völlig daneben" ist, als die Führung hier sowohl gegen die Mitarbeiter-

ziele als auch gegen die Organisationziele wirkt: Ihre Führung hat zu massiven Spannungen und Konflikten innerhalb der Gruppe geführt, wodurch eine konstruktive Zusammenarbeit nahezu unmöglich wurde. Von einer befriedigenden Erledigung der Projektaufgabe kann entsprechend keine Rede sein.

- *„Laissez-faire"* ist schließlich das Führungsverhalten einer Führungsperson, die formal zwar eine Führungsposition bekleidet, sich tatsächlich aber innerlich und äußerlich von fast allen Führungsverantwortungen und -verpflichtungen verabschiedet hat. Typische Ausdrucksformen eines solchen Führungsverhaltens sind die Verweigerung oder Verschiebung von Führungsentscheidungen, lediglich geringes Interesse an der Erreichung bestimmter Erfolgsziele sowie auch eine nur geringe Verbundenheit und Kontakthäufigkeit mit den Geführten. Am Beispiel: Es gibt ein Projektteam – das bekommt Sie aber nur selten zu Gesicht!

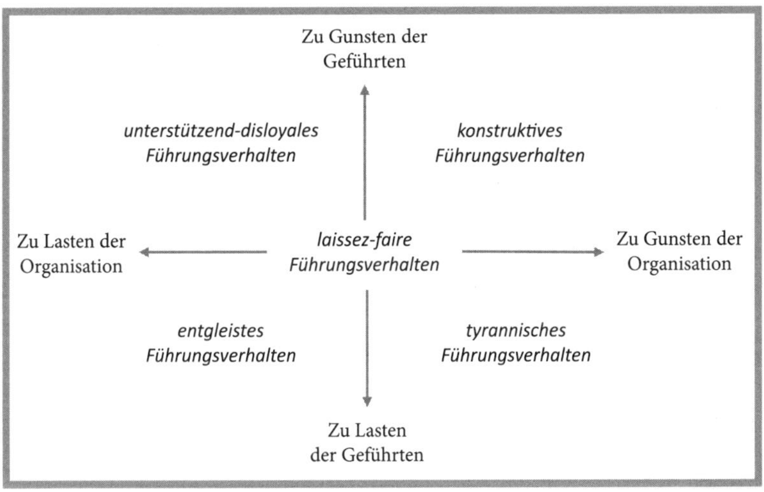


Abbildung 5: Bad Leadership versus Good Leadership[67]

Natürlich gibt es auch hiervon abweichende Sichtweisen. So sieht das Forschertrio Krasnikova, Green und LeBreton[68] die Hauptaufgabe von Führungskräften in Organisationen ausschließlich darin, zu Gunsten der Organisationsziele zu agieren, sprich: das Mitarbeiterverhalten so zu beeinflussen, dass die Organisationsziele bestmöglich erreicht werden. An sich keine so ungewöhnliche Sichtweise, die allerdings bedeuten würde, dass ein „tyrannisches Führungsverhalten" (siehe Abbildung 5) Teil eines Good Leadership wäre. Hier würden wir widersprechen und stattdessen sagen: Tyrannisches Führungsverhalten, das „gut" gemacht wird, darf man als Teil einer effektiven Führung sehen, nicht aber als Ausdruck einer guten Führung! Die politische Dimension der Führung kann jenseits der beiden zentralen Bezugspunkte (Organisation, Geführte) natürlich auch auf weitere Anspruchsgruppen bezogen werden, beispielsweise Kunden, Kapitalgeber oder die Gesellschaft als Ganzes.[69] Und: Eine überaus bedeutsame Interessanlage ist von der Betrachtung bislang noch völlig ausgeschlossen geblieben: die Eigeninteressen des Führenden!

## Führung als Dienst an den eigenen Interessen

Die Management-Wissenschaftler Christine Clements und John Washbush unterscheiden zwischen zwei Arten von Führenden[70]: Diejenigen, deren Grundausrichtung „sozial" ist, wozu jene Führenden gezählt werden dürfen, die ihre Führung vorrangig im Spannungsfeld der Interessen der Geführten und der Interessen der Organisation wahrnehmen und hier möglichst „konstruktiv" zu wirken versuchen (siehe Abbildung 5). Und solche, deren Grundausrichtung „egoistisch" ist, die mithin stets versuchen, andere in der Weise zu nutzen, wie es für ihre eigenen Ziele am geeignetsten erscheint. Diese Zweiteilung widerspiegelt sich in manchen Führungstheorien, besonders deutlich im Rahmen der charismatischen Führung, die, wie wir historisch wissen, eine „helle" Seite (Martin Luther King, Nelson Mandela) ebenso umfasst wie eine „dunkle" (Adolf Hitler, Charles Manson). Im Fachjargon wird hier dann zwischen einer „sozialisierten" und einer „personalisierten" charismatischen Führung unterschieden.[71] Neuere Studien[72] haben dabei recht eindeutig gezeigt, dass eine gute (soziale, sozialisierte) Führung durchaus nicht immer nur Spaß macht und allenthalben gewürdigt wird, sondern mitunter auch sehr anstrengend, auszehrend und frustrierend sein kann – der Nutzen für andere dann sozusagen auf Kosten des Selbst geht. Schlechte (egoistische, personalisierte) Führung ist hier genau umgekehrt aufgestellt: Maximaler Nutzen für den Führenden – wenn nötig, auf Kosten der anderen.

Aufschlussreich in diesem Zusammenhang ist das Konzept der sogenannten *ausbeuterischen Führung* („Exploitative Leadership"), das ein Forschertrio[73] der TU München in 2019 in die Diskussion gebracht hat und inhaltlich wie folgt angelegt ist: Als ausbeuterisch gilt eine Führung, deren hauptsächliches Bestreben darin liegt, die *Eigeninteressen des Führenden* zu verfolgen. Zur konkreten Beurteilung dessen sollen folgende Fragen dienen:[74]

- Sieht der Führende die Geführten lediglich als Mittel zum Zweck?
- Sieht der Führende es als selbstverständlich an, dass die Leistung der Geführten zu seinem Nutzen ist?
- Hält der Führende die Erreichung seiner eigenen Ziele für wichtiger als die Bedürfnisse der Geführten?

Eine Ausbeutung der Geführten erfolgt dabei auf durchaus unterschiedliche Art und Weise, je nachdem, was dem Führenden im Sinne der eigenen Ziele gerade am dienlichsten erscheint:

- *Druck und Überforderung*, z.B. durch Übertragung von immer mehr Aufgaben, für deren Erledigung knapp bemessene Fristen eingeräumt werden – dies alles ungeachtet der bereits vorhandenen Arbeitsbelastung und der zeitlichen Möglichkeiten des Geführten.
- *Unterforderung und Behinderung der Entwicklung*, z.B. Übertragung einfachster und uninteressanter Aufgaben, aus deren Erledigung der Führende Vorteile ziehen kann, was aber auch verbunden sein kann mit dem Ziel, persönliche Karrierewege zu verbauen und/oder nützliche Mitarbeiter an das Team zu binden.
- *Geschickte Manipulationen*, z.B. durch ein gegenseitiges Ausspielen einzelner Mitarbeiter, Täuschung und Hintergehung – dies alles wohlgemerkt potenziell auch in einer vordergründig überaus freundlichen und zuvorkommenden Weise.

Gerade im letzten Punkt zeigt sich, dass ausbeuterische Führung etwas anderes ist als aggressive und feindselige Führung (siehe Kapitel 1): Letztere ist ein generelles *Führungsverhalten*, das sich nicht unmittelbar aus einem bestimmten Ziel ableitet, wohingegen erstere einem klaren Ziel folgt (Eigennutz) und konkrete Verhaltensweisen zielgerichtet einsetzt (Freundlichkeit hier, Feindseligkeit dort). Was die Organisationsziele anbelangt, so gehen die Forschenden[75] davon aus, dass eine ausbeuterische Führung, gut gemacht, auch zum Nutzen der Organisation sein kann. In diesem Falle wäre ein „win-win-lose" die Zielerreichungskonstellation.

Damit zeigt sich nochmals, wie richtig und wichtig die in der Einleitung erwähnte Aussage von Barbara Kellerman ist, dass nämlich Führung nicht per se „gut" oder „schlecht" sein muss, sondern die Beurteilung dessen bis auf Weiteres (siehe Kapitel 3) eine Frage des Standpunktes ist. Potenziell gilt also: Des einen „bad" ist des anderen „good"! Und um bei Kellerman zu bleiben: Sie betont auch, dass die Bewertung der Führung nicht nur vom *Standpunkt*, sondern auch vom *Zeitpunkt* abhängig sei. Was also einem Geführten oder einer Organisation heute als gute Führung erscheinen mag, kann sich morgen schon als schlechte Führung erweisen.

## Berücksichtigung des Zeitfaktors

Die ausbeuterische Führung gibt bereits Hinweis auf die Vergänglichkeit der Bewertung einer Führung aus Sicht des Geführten: So kann die Wahrnehmung eines Mitarbeiters eine Zeit lang sehr positiv sein: „Mein Vorgesetzter scheint mich sehr zu schätzen, behandelt mich so, wie ich denke, dass ich auch es verdiene, was ich ihm hoch anrechne und bewusst auch mit guter Leistung vergelte!" Und dann, irgendwann in einer näheren oder ferneren Zukunft kann dies dann umschlagen: „Weil ich meine Leistungskraft nicht noch weiter steigern konnte und auch weil ein jüngerer und außergewöhnlich kompetenter Mitarbeiter ins Team gekommen ist, hat sich alles geändert!" Der Ton wird schärfer, die Tätigkeiten unterfordern, die Gunst des Führenden wendet sich ab und anderen, nützlicher erscheinenden Kollegen zu.

Aber auch eine „win-lose"-Führung, die aus Sicht der Mitarbeiter schlecht ist, aus Sicht der Organisation hingegen erst einmal „gut" erscheint, kann sich wandeln und zu einem „lose-lose" geraten. Klingt abstrakter als es ist. Nehmen wir den ebenfalls schon kurz angesprochenen PBU („Pressure to Behave Unethically"[76]), also den Druck, den Vorgesetzte ausüben, um Mitarbeiter zu Verhaltensweisen zu veranlassen, die unmoralisch oder sogar ungesetzlich sind, aus Sicht der Vorgesetzten jedoch für das „Wohl der Organisation" (heute häufig definiert als Shareholder Value) unverzichtbar erscheinen. Ein solcher Druck „von oben" wird es wohl gewesen sein, der Ingenieure in der Automobilindustrie veranlasst hat, sogenannte „Schummel"-Software zu entwickeln und in Automobile einzubauen, um auf diese Weise besonders umweltschädigende Fahrzeuge als besonders umweltfreundlich deklarieren zu können, und damit letztlich zentrale Organisationsziele zu befördern: höhere Umsätze, sattere Gewinne. Ein solcher PBU vergegenwärtigt ein Bad Leadership zu Lasten der Geführten, bis auf weiteres jedoch zu Gunsten der Organisation (siehe Abbildung 6). Was jede Führung, die derartig agiert, natürlich hofft, ist, damit durchzukommen – wenn möglich für immer oder

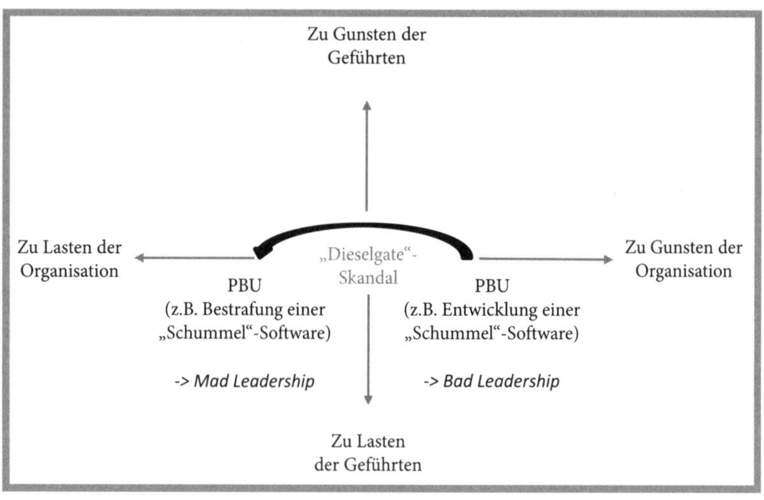


Abbildung 6: PBU und der Wandel vom Bad Leadership zum Mad Leadership – Beispiel „Schummel"-Software

doch wenigstens bis zum Ende der eigenen Tätigkeit in der Organisation. Wie der Begriff der „Dunkelziffer“ nahelegt, dürfte dies allzu häufig auch gelingen. Wie der Begriff „Skandal“ verdeutlicht, gelingt es jedoch nicht immer. In diesem („Dieselgate“-) Fall wandelt sich das Bad Leadership, das aus Sicht der Organisation effektiv erschien, in ein wahres Mad Leadership[77], die völlige Entgleisung. Laut herrschender Lehre folgen dann Imageschädigungen und Sanktionen, die die Existenz der Organisation gefährden. Aber, wie die Erfahrung lehrt, so richtig schlimm kommt es – zumindest für „systemrelevante Unternehmen“ – in aller Regel dann doch nicht.

Neubewertungen der Führung infolge derartiger Praktiken sind heute gang und gäbe. Martin Winterkorn stand hoch im Kurs, bis sein „Nichtwissen“ über die angesprochenen Verwerfungen ihn im September 2015 seinen Chefsessel bei VW kostete. Ex-Nissan-Chef Carlos Ghosn stand lange Jahre im Range eines Supermanagers, bevor er innerhalb kürzester Frist infolge mutmaßlicher krimineller Machenschaften zum Superschurken abstieg.[78] Und das Beispiel Josef Ackermann belegt vielleicht nochmals im Besonderen, dass „gut“ oder „schlecht“ immer zweierlei sein kann: eine Frage des Standpunktes *und* eine Frage des Zeitpunktes! So war Ackermann für die kritische Öffentlichkeit früher bereits eine Reizfigur und Repräsentant schlechter Führung (Victoryzeichen beim Prozess um Untreue im Rahmen der Mannesmann-Übernahme durch Vodafone), derweil er mit seinem 25-Prozent-Renditeziel für die Anteilseigner der Deutschen Bank eher als Prophet und Heilsbringer erscheinen musste – ein „Goal Stretching“[I], das er bekanntlich auf jener Pressekonferenz verkündete, auf der er auch über den Abbau von 6.000 Arbeitsplätzen informierte. Und was den zeitlichen Wandel der Bewertung anbelangt, so kann man wohl sagen, dass die sich zumindest finanziell vormals so gut darstellende Führung von Ackermann („Ich würde mich schämen, wenn wir in der Krise Staatsgeld annehmen würden“) angesichts der Situation der Deutschen Bank heute[79] (Cum-Cum, Cum-Ex, Libor-Zinsmanipulation, Milliardenverluste) doch eher mit hinabgezogen wird in das düstere Licht einer völlig entgleisten Führung.[80]

## No choice but to do wrong[81] – Dilemmata und schmutzige Hände

Entscheidungen und Handlungen der Führung im Spannungsfeld höchst unterschiedlicher Interessen (des Führenden, der Geführten, der Organisation, etc.) sind das eine, was Führung im Auge des Betrachters leicht „schlecht“ werden lässt. Ein anderes kommt hinzu, nämlich das, was ge-

I „Streckung“ von Zielvorgaben in phantastisch anmutende Dimensionen (vgl. Weibler/Thielemann 2018).

meinhin als Führungsdilemma bezeichnet wird. Ein solches ist recht einfach zu definieren: Eine Situation, in der der Führende *A* und *B* tun sollte, aber *A* und *B* keinesfalls gleichzeitig tun kann.[82] Dilemmata verweisen also auf Situationen, in denen man etwas (*A* oder *B*) tun muss, von dem weiß, dass man es nicht tun sollte.

Praktische Beispiele für solche Situationen gibt es reichlich. Dazu gleich. Schauen wir erst einmal auf ein theoretisches Dilemma, das berühmte „Trolley-Problem"[83]: Sie sind Führer einer Lokomotive, die mit 100 km/h über die Gleise rast – bergab und bei kompletten Bremsversagen. Am Ende des Gleises befinden sich bei Reparaturarbeiten fünf Gleisarbeiter mitten auf den Schienen. Ihr Tod ist gewiss, denn sie können den Zug nicht stoppen. Doch dann bietet sich eine Alternative. Per Funk können Sie eine Weiche umstellen, die die Lok auf ein Abstellgleis lenkt, an dessen Ende sich allerdings ein Gleisarbeiter auf den Schienen befindet. Auch sein Tod wäre gewiss. Wie entscheiden Sie?[II]

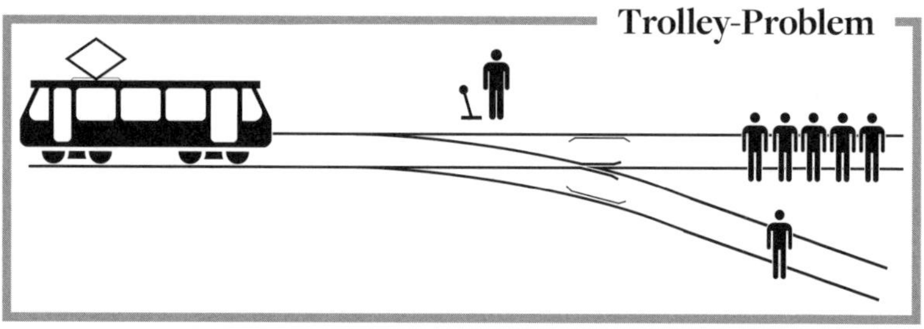


*(Quelle: Lizenziert unter Creative Commons Attribution-Share Alike 4.0 International license, © Zapyon)*

Wenn Sie wie die klare Mehrheit entscheiden, lenken Sie die Lok auf das Abstellgleis. Entschieden haben Sie dann gemäß der „utilitaristischen[III] Kalkulation"[84] (5 Leben sind mehr als 1 Leben), die sie womöglich jedoch nicht vor dem Gedanken bewahrt, dass sie sich auch mit dem Tod des einen Gleisarbeiters schuldig – und ihre Hände damit schmutzig gemacht haben. Okay, Sie wollten

[II] Das „Trolly-Problem" hat im Übrigen noch zahlreiche Variationen, zum Beispiel: Was, wenn ein dicker Mann auf einer Brücke steht, unter der ein führerloser Zug gleich vorbeirasen wird. Er lehnt sich weit über das Geländer und sie können ihn leicht herunterstoßen. Die Lokomotive würde dann entgleisen und die fünf Gleisarbeiter wären gerettet. Werden Sie es tun? Es bleibt bei einem Toten, nur dass Sie statt die Weiche umstellen einer Person einen kleinen Stoß geben müssten. Gibt es da einen Unterschied? Wenn Sie sagen: Die Weiche 'ja', aber den Mann hinüberschubsen – auf keinen Fall! Wie wäre es mit einer Falltür, die ihn auf die Schienen fallen lässt? Dann müssen Sie nur einen Hebel bewegen. Ähnlich dem Funksignal für die Weiche. (N.B. Der Mann ist dick, um Ihnen die Möglichkeit zu nehmen, sich ggf. selbst hinunterzustürzen: Sie sind zu dünn, um den Zug zu bremsen). Und dann eine weitere Variation: Was, wenn Sie vor der Wahl stehen, fünf Gleisarbeiter hier, nur eine Person dort – allerdings ihr Kind ...

[III] Der Utilitarismus ist eine ethische Theorie und besagt, dass ein Handeln, das das Glück insgesamt maximiert (inklusive das Leid minimiert), das gute und richtige ist. Vgl. hierzu darstellend und kritisch, sowie absolut lesenswert: Sandel 2016, S. 47ff..

nie in diese Situation kommen, aber das will niemand – schon gar nicht jene, die sich solchen Dilemmata in der Realität ausgesetzt sehen. Als bekannte Beispiele seien hier genannt: Der stellvertretende Polizeipräsident, der dem Entführer mit Folter droht, um das Leben des entführten Kindes zu retten. Der Bundeskanzler, der aus Gründen der Staatsräson ein Ultimatum von Terroristen verstreichen lassen muss, und damit das Leben eines Arbeitgeberpräsidenten nicht schützen kann. Der Offizier, der das eigene Leben und das seiner Familie aufs Spiel setzt, um einen Diktator zu töten und damit potenziell das Leben vieler anderer zu retten. Und dazu kommt irgendwann vielleicht auch der Pilot der Luftwaffe, der entscheiden muss, ob er ein von Terroristen entführtes Passagierflugzeug mit 164 Menschen an Bord abschließt, wenn es droht auf ein mit 70.000 Menschen vollbesetztes Fußballstadion gelenkt zu werden.[IV]

In einer gesellschaftlich relevanten Funktion als Führender tätig zu sein und sich dabei niemals „schmutzige Hände" einzuhandeln, hält der renommierte Moralphilosoph Michael Walzer für schlechterdings unmöglich.[85] Führende stehen fortwährend vor mehr oder minder tiefgreifenden Dilemmata, ob sie wollen oder nicht und immer dann, wenn sie für zwei Werte oder Ziele gleichzeitig einstehen sollen, diese sich aber ausschließen: Menschen helfen – Grenzen schützen, Arbeitsplätze sichern – Personalkosten senken, Team-Performance steigern – Work-Life-Balance gewähren. Wer im Dilemma „richtig" handelt, handelt immer auch „falsch". Die Frage von „gut" und „schlecht" ist spätestens hier nicht mehr eindeutig zu beantworten. In diesem Kontext wäre dann sogar zu überlegen, ob es überhaupt noch Sinn macht, von einem Bad Leadership zu sprechen, wenn ein Good Leadership auch nicht besser sein kann. Kurzum: Sind „Good" und „Bad" im Dilemma ein und dasselbe?

Die Antwort lautet: Nein! Denn es gibt eine Trennlinie, die hier einen kleinen, aber feinen Unterschied markiert – nämlich: die *schmutzigen Hände*. Dieser Begriff steht für ein moralisches Bewusstsein derart, dass der Führende deutlich spürt, dass er sich seine Hände in diesem Moment „schmutzig" macht (d.h. falsch handelt), aber eben keinen Weg sieht, wie sie „sauber" bleiben können.[86] In dieser Konstellation dürfen wir von einer „guten" Führung ausgehen, da der Führende klar erkennt, dass er sich die Hände schmutzig macht und sich aufgrund dessen *schuldig fühlt*. Denn Letzteres bedeutet, dass der, der schlecht handeln muss, dennoch ein Gewissen hat. Umgekehrt: Ein Führender, der in einer Dilemma-Situation seine Entscheidung leichthin trifft und bei alledem keinerlei moralische Skrupel verspürt, handelt wie ein Bad Leader in Machiavellis bestem Sinne – als ein Führender, der verlernt (bzw. nie gelernt) hat, gut zu sein.[87] Mit Blick auf solche Führer hat Michael Walzer vor Zeiten treffend konstatiert: „We don't want to be ruled by men who have lost their souls".[88]

---

[IV] Diese Situation ist bekanntlich Gegenstand des Theaterstücks „Terror – Ihr Urteil" von Ferdinand von Schirach sowie des darauf aufbauenden Fernsehfilms von Lars Kraume.

# Kapitel 3
# Das dreckige Dutzend – oder: Die Vermessung von Gut und Böse

*„Ethik ist kontrovers (...). Ja, Ethik ist der Inbegriff des Kontroversen."*
Ulrich Thielemann, MeM Denkfabrik für Wirtschaftsethik[89]

Mit der schlechten – wie auch mit der guten – Führung ist es irgendwie nicht ganz einfach. Einerseits wissen wir zwar: Gute Führung setzt die gegebene Führungsmacht *verantwortungsvoll* ein und verfolgt weithin *gemeinsame* Führungsziele, wohingegen schlechte Führung genau umgekehrt handelt: Sie setzt ihre Macht *rücksichtslos* ein und verfolgt vorzugsweise *eigennützige* Ziele. Andererseits ist schlechte wie auch gute Führung *kein objektives Faktum*, sondern eine *Wertung*. Das heißt im Extrem: Der Erste nimmt das Führungsverhalten seines Vorgesetzten als feindselig wahr, wohingegen der Zweite diese Einschätzung überhaupt nicht teilen mag, sondern das Verhalten seines Chefs völlig normal findet. Der Dritte fühlt sich durch die massive Aufgabenzuweisung seitens der Führungskraft schlicht ausgebeutet, wohingegen der Vierte die Gesamtaufgabe eigentlich gerecht auf alle Schultern verteilt sieht. Die Auseinandersetzung mit schlechter Führung hat insofern etwas von einem Ritt auf der Rasierklinge: Wir wissen im Grundsätzlichen zwar alle, dass es gute und schlechte Führung gibt, müssen aber damit rechnen, dass unsere Bewertungen von „gut" und „schlecht" im Konkreten erheblich divergieren: Die halbe Wählerschaft findet einen Präsidenten ganz fürchterlich, die andere Hälfte findet ihn ganz hervorragend – und vergleichbares gilt mehr oder minder auch für Bundeskanzlerinnen und Bundeskanzler, Vorstands- und Aufsichtsratsvorsitzende, Vorgesetzte und nächsthöhere Vorgesetzte, Lehrer und Hochschullehrer usw. usf. Selbst Greta gerät zunehmend in den Strudel von Bewunderung und Ablehnung.

Trotzdem, oder gerade deshalb, ist das Bemühen stark verbreitet, schlechte (wie gute) Führung zu objektivieren, sie möglichst präzise zu bemessen, am besten mit konkreten Zahlen. Hierzu gibt es im Bereich der Personalbzw. Mitarbeiterführung verschiedene Verfahren und Methoden. Bevor wir diese darstellen und kritisch würdigen, wollen wir uns zuvor allerdings der übergeordneten Führungsebene widmen, sprich: der Unternehmensführung und der Frage, wie ein Bad Leadership auf dieser Ebene aussehen kann. Dies deshalb, weil wir davon ausgehen, dass ein Good Leadership auf der Ebene der Unternehmensführung ein Good Leadership auf der Ebene der Mitarbeiterführung begünstigt, wohingegen ein Bad Leadership im Rahmen der Unternehmensführung als Katalysator eines Bad Leadership im Rahmen der Mitarbeiterführung zu sehen ist.

## Vermessungen der Unternehmensführung

Was also ist eine schlechte Unternehmensführung? Diese Frage ist erst einmal insofern nicht eindeutig zu beantworten, als es bis heute zwei grundverschiedene Verständnisse von Unternehmensführung gibt, die – wie wir sehen werden – recht unversöhnlich nebeneinander stehen. Geben wir ihnen einen Namen, skizzieren sie inhaltlich und ordnen sie zeitlich, dann kann man wie folgt formulieren:

Die vormals vorherrschende Form der Unternehmensführung – sagen wir: von 1945 bis 1980 – war die *gesellschaftlich verantwortungsbewusste Unternehmensführung*.[90] Alternativ könnte man auch von einer staatsmännischen[91] oder von einer Anspruchsgruppen- bzw. Stakeholder-orientierten Unternehmensführung sprechen. Eine sehr gute Beschreibung der zentralen Funktion einer solchen Führung gab im Jahre 1951 der damalige Vorstandsvorsitzende von Standard Oil, Frank Abrams, in folgenden Worten: „Die Aufgabe des Managements besteht darin, einen fairen und funktionierenden Ausgleich zwischen den Ansprüchen verschiedener, direkt betroffener Interessengruppen wie Aktionären, Beschäftigten, Kunden und der gesamten Öffentlichkeit herzustellen."[92] Und das Wirtschaftsmagazin *Fortune* forderte im selben Jahr von einem guten Manager: „Er muss den Gelegenheiten des Augenblicks gegenüber eine distanzierte und reservierte Haltung einnehmen"[93] – was unmittelbar auf ein weiteres Charakteristikum dieser Führung hinweist: Eine gute Führung denkt nicht kurz-, sondern langfristig, denn sie strebt danach, das Fortbestehen der Institution in der Zukunft zu sichern. In diesem Sinne erklärt sich auch die Bedeutung des Gewinns: „Der erzielte Gewinn dient vor allem der Finanzierung zukunftsgerichteter Investitionen und sichert so *das Überleben* der Unternehmung."[94] Eine gute Unternehmensführung ist demnach gegeben, wenn das Management auf der Grundlage existenzsichernder Gewinnerwirtschaftung einen gerechten Ausgleich zwischen den verschiedenen unternehmerischen Anspruchsgruppen herzustellen weiß. Schlecht wäre eine Unternehmensführung entsprechend dann, wenn sie kurzfristige Gewinnmaximierung über langfristige Existenzsicherung stellt und die Interessen einer einzigen Anspruchsgruppe bevorzugt verfolgt. Und damit sind wir direkt beim zweiten Verständnis von Unternehmensführung.

Die seit der neoliberalen Wende der frühen 1980er-Jahre in der Diskussion befindliche alternative Form der Unternehmensführung bezeichnen wir hier als *kapitalmarktorientierte Unternehmensführung*. Der bekanntere Begriff des Shareholder Value-Management trifft es aber ebenso. In einem höchst punktgenauen und im Grunde auch zeitlosen Beitrag für die *Neue Zürcher Zeitung* beschrieb Peter Wuffli von McKinsey & Company das aufkommende neue Unternehmensführungsverständnis im Jahre 1988 wie folgt: „Dieses Verständnis (...) geht vom Gedanken des effizienten Kapitalmarktes aus. Demnach haben Aktienbeteiligungen auch auf kürzere Sicht so zu rentieren, dass der *Ertrag* in einem angemessenen Verhältnis zum *Risiko* steht. Wenn dieser Ertrag nicht erwirtschaftet wird, sucht sich der Aktionär eine alternative Anlagemöglichkeit (...). *Oberstes Ziel* für die Unternehmungsführung ist es demnach, eine Wertsteigerung für den Aktionär zu erbringen und so sein Vermögen zu mehren. Diesem Ziel sind alle anderen, auch das Überlebensziel der Unternehmung als selbständige Organisation, klar *untergeordnet*."[95] „Gute" Unternehmensführung vergegenwärtigt sich demzufolge in *kurzfristiger Gewinnmaximierung* zum Nutzen der Shareholder, was nach Wuffli prinzipiell auch eine *Ausbeutung der Unternehmensressourcen* erfordern kann, beispielsweise durch Maßnahmen zur *operativen Leistungssteigerung* oder *Restrukturierungen* in Form von Verkäufen nicht rentabler Unternehmensteile.[96] Auch hier zeigt sich somit wieder, dass das, was gemäß des einen Verständnisses als „Good Leadership" gilt, gemäß des anderen ein „Bad Leadership" ist. Denn aus Sicht einer *kapitalmarktorientierten Unternehmensführung* ist ein Leadership „schlecht", wenn es andere Interessen als die der Shareholder zu berücksichtigen sucht und wenn es nicht immer und sofort alles erwirtschaftet, was – wie illegitim (und illegal) auch immer – zu erwirtschaften ist.

Vor diesem Hintergrund stellen sich mehrere Fragen: Erstens: Was ist denn jetzt ein *Bad Leadership* auf Top-Management-Ebene? Das, was aus Sicht einer gesellschaftlich verantwortungsbewussten Unternehmensführung hierunter zu verstehen ist (kurzfristige Fokussierung auf die Interessen einer einzigen Anspruchsgruppe), oder das, was aus Sicht einer kapitalmarktorientierten Unternehmensführung hierunter zu verstehen ist (langfristige Fokussierung auf die Interessen aller Anspruchsgruppen)? Zweitens: Wie bzw. inwieweit können diese Formen der Unternehmensführung jeweils vermessen werden? Und drittens: Welche Form der Unternehmensführung hat sich in unserer Wirtschaft eigentlich durchgesetzt? Die Antworten hierauf lauten wie folgt: Durchgesetzt hat sich in unseren Konzernen und Aktiengesellschaften[V] zweifellos die kapitalmarktorientierte Unternehmensführung. Da diese Form der Unternehmensführung mit guten Gründen[97] und mittlerweile auch aus der Sicht vieler[VI] – auch unserer – die schlechtere

---

[V] Kleine und mittlere Unternehmen sind hier also tendenziell ausgenommen, d.h. das Bewusstsein gesellschaftlicher Verantwortung dürfte in den meisten KMU noch deutlich präsenter sein.

[VI] So haben sich jüngst in einer zweiseitigen Anzeige im *Wall Street Journal* 181 US-Topmanager vom Vorrang des Shareholder Value formal verabschiedet und allen Stakeholdern

ist, haben wir von einer Zunahme der schlechten Führung *von* Unternehmen auszugehen, was – wie noch zu zeigen sein wird (siehe Kapitel 6) – eine Zunahme der schlechten Führung *in* Unternehmen nach sich zieht.

Bliebe die Frage: Wie lassen sich diese Unternehmensführungen messen? Zumindest hier liegen die Vorzüge eindeutig auf Seiten der kapitalmarktorientierten Unternehmensführung. Für deren quantitative Messung wurden zum einen theoretisch ausgefeilte Verfahren entwickelt, wie etwa im Bestseller „Creating Shareholder-Value" von Alfred Rappaport[98], zum anderen erfolgt diese Bewertung praktisch aber auch durch die bezifferten Erfolgsausweise der Unternehmensführung: von der Entwicklung des Unternehmenswertes am Aktienmarkt über den jährlich ausgewiesenen Bilanzgewinn bis hin zu veröffentlichten Quartalszahlen, Gewinnprognosen und Gewinnwarnungen. Die demgegenüber stark qualitativen Verfahren zur Messung einer gesellschaftlich verantwortungsbewussten Unternehmensführung stecken verglichen damit bis heute in den Kinderschuhen, reichen von Sozial- und Ökobilanzierungen über CSR-Zertifizierungen bis hin zu Konzepten wie der Gemeinwohl-Ökonomie[99], in der nicht länger Finanzgewinne, sondern Gemeinwohl-Gewinne bzw. -Verluste (z.B. Schaffung/Abbau von Arbeitsplätzen, in-/humane Arbeitsbedingungen, Achtung/Ausbeutung der Umwelt, un-/gerechte Verteilung der Einkommen) evaluiert und sanktioniert werden sollen.

Ein letztes vielleicht noch in diesem Zusammenhang, das einen Platz im Kuriositätenkabinett der menschlichen „Logik" durchaus verdient hätte und sich auf die anhaltende Diskussion über *Corporate Social Responsibility* (CSR), zu Deutsch: gesellschaftliche Verantwortung von Unternehmen, bezieht. Diese Diskussion begann – wenig erstaunlich – just zu jenem Zeitpunkt, als die Unternehmensführungen sich auf breiter Front von einer gesellschaftlich verantwortungsbewussten Unternehmensführung verabschiedeten und sich der kapitalmarktorientierten Unternehmensführung zuwandten. Hierfür handelten sie sich von Seiten der Gesellschaft – ebenfalls kaum verwunderlich – den Vorwurf ein, zunehmend in gesellschaftlich unverantwortlicher Weise zu handeln. Wirklich bemerkenswert ist dann allerdings, wie von Seiten der Managementtheorie und -praxis auf diesen Vorwurf reagiert wurde. Nämlich mit dem sogenannten Business Case for Corporate Social Responsibility[100] (CSR), der auf die These hinausläuft, dass eine kapitalmarktorientierte Unternehmensführung dann am erfolgreichsten ist, wenn sie eine gesellschaftlich verantwortungsbewusste Unternehmensführung ist! Dies bedeutet zuletzt eigentlich nichts anderes, als dass die völlig entgegengesetzten Verständnisse der Unternehmensführung

mehr Fairness versprochen – was die Harvard-Historikern Nancy Koehn allerdings als reine Reaktion auf den Zeitgeist interpretiert, da die Idee, dass unternehmerische Gier zu optimalen Ergebnissen für alle führe, in der breiten Öffentlichkeit immer weniger verfängt (vgl. Spiegel Online 2019c).

auf wundersame Weise ein und dasselbe geworden sind. Motto: Der Shareholder Value ist hoch, wenn der Stakeholder Value hoch ist – und umgekehrt. Gottlob fanden und finden sich immer mehr kritische Beobachter, die diese Quadratur des Kreises als solche kenntlich machen und den Business Case for CSR als „Mythos“[101] oder gleich als „Opium fürs Volk“[102] bezeichnen.

Da wir themenbedingt nicht weiter auf diese Diskussion eingehen können, sei unter dem Signum der Vermessung von Unternehmensführung zumindest noch auf eine Untersuchung hingewiesen, die in diesem Zusammenhang Aufklärungsarbeit leistet. Sie stammt von Christopher Groening und Vamsi Krishna Kanuri[103], die mehr als 1.000 unternehmerische Handlungsweisen betrachtet haben, die aus Sicht der jeweils betroffenen Stakeholder entweder als eindeutig positiv (z.B. verbesserte Altersversorgung für die Beschäftigten) oder als eindeutig negativ (z.B. hohe gesundheitliche Risiken für Beschäftigte) bewertet wurden. Den entsprechenden Maßnahmen wurden dann die jeweiligen Reaktionen der Finanzmärkte gegenübergestellt, die unter der Annahme einer harmonischen Entsprechung von gesellschaftlich verantwortungsbewusster und kapitalmarktorientierter Unternehmensführung hätten eigentlich gleichgerichtet ausfallen müssen. Tatsächlich zeigte sich jedoch, dass hier keinerlei Zusammenhang auszumachen ist. Denn bei 50 Prozent der von den Stakeholdern als positiv bewerteten Verhaltensweisen reagierten die Investoren negativ. Und bei 50 Prozent der von den Stakeholdern als negativ bewerteten Verhaltensweisen reagierten die Investoren positiv. Erinnert sei hier nur an den bekannten Effekt, wonach die Ankündigung eines massiven Personalabbaus die Aktienkurse in der Regel beflügelt. Zu vermerken ist also: Ein überdurchschnittlicher Shareholder Value ist zweifellos gut für die Shareholder, aber nicht per se für die Stakeholder. Entsprechend gilt, dass ein unterdurchschnittlicher Shareholder Value für die Stakeholder womöglich besser wäre!

## Vermessungen der Personalführung

Mit Blick auf die Personalführung liegt zwischenzeitlich eine rechte Fülle an Verfahren (v.a. Fragebogen) vor, die eine genaue Messung von Bad Leadership in Aussicht stellen. Im halbwissenschaftlichen Bereich findet sich hier beispielsweise der „Selbsttest: Bin ich ein amtliches Arschloch?“ aus der Arbeit des schon erwähnten Robert Sutton.[104] Aber auch im wissenschaftlichen Bereich ist eine kleinere Flut an Messverfahren entwickelt und vorgelegt worden, die auf die verschiedenen Spielarten schlechter Führung bezogen sind, auf die wir an dieser Stelle jedoch lediglich verweisen möchten:

- Petty Tyranny Scale[105]
- Abusive Supervision Scale[106]

- Destructive Leadership Questionnaire[107]
- Destructive Leader Behavior Scale[108]
- Measure of Exploitative Leadership[109]

Etwas genauer betrachten wollen wir das sogenannte *Dreckige Dutzend und die Niederträchtigen Neun*[110] – nicht nur, weil der Name an sich bestechend klingt, sondern weil dieses Verfahren zur Erfassung der „dunklen Triade“ (Narzissmus, Machiavellismus, Psychopathie) gedacht ist (siehe Abbildung 1), auf die wir angesichts der hohen Bedeutung dieses Ansatzes im Rahmen der Erklärung eines Bad Leadership noch ausführlicher eingehen werden (siehe Kapitel 4). Grund für die Entwicklung dieser Kurzskalen waren die Probleme bei der herkömmlichen Messung der Dunklen Triade, die in der Regel mit spezifischen Instrumenten erfolgte (z.B. „Narcissistic Personality Inventory“ für den Narzissmus, „Inventory for the Measurement of Machiavellianism“ für den Machiavellismus sowie „Self-Report Psychopath Scale“ für die Psychopathie), die noch dazu jeweils sehr umfangreich waren (91 Items).[111] Das „Dreckige Dutzend und die Niederträchtigen Neun“ konzentrieren sich demgegenüber lediglich auf den prototypischen Kern jeder der drei Eigenschaften, der an dem „grandiosen Selbst“ (Narzissmus), dem „manipulativen Ausnutzen anderer“ (Machiavellismus) sowie der „Gefühllosigkeit anderen gegenüber“ (Psychopathie) festgemacht wird. Jedem dieser prototypischen Kerne werden drei (= Niederträchtigen Neun) bzw. vier (= Dreckiges Dutzend) Items zugeordnet, woraus sich ein neun- bzw. zwölfteiliger Fragebogen ergibt (Abbildung 7), der es laut Verfassern erlaubt, „die Dunkle Triade ökonomisch, reliabel und valide zu erfassen“.[112]

| Skala | Nr. | Itemwortlaut |
|---|---|---|
| M | 1. | Ich neige dazu, andere zu manipulieren, um meinen Willen durchzusetzen. |
| P | 2. | Ich neige dazu, keine Gewissenbisse zu haben. |
| N | 3. | Ich neige dazu, von anderen bewundert zu werden. |
| M | 4. | Ich habe getäuscht oder gelogen, um meinen Willen durchzusetzen. |
| P | 5. | Ich neige dazu, mich nicht um die Moral meiner Handlungen zu kümmern. |
| N | 6. | Ich neige dazu, von anderen beachtet werden zu wollen. |
| M | 7. | Ich habe Schmeicheleien genutzt, um meinen Willen durchzusetzen. |
| P | 8. | Ich neige dazu, gefühllos oder unsensibel zu sein. |
| N | 9. | Ich neige dazu, nach Ansehen oder Status zu streben. |
| M | 10. | Ich neige dazu, andere für meine Zwecke auszunutzen. |
| P | 11. | Ich neige dazu, zynisch zu sein. |
| N | 12. | Ich neige dazu, besondere Gefälligkeiten von anderen zu erwarten. |

M = Unterskala Machiavellismus. P = Unterskala Psychopathie. N = Unterskala Narzissmus.

Abbildung 7: Items der Niederträchtigen Neun bzw. des Dreckigen Dutzend[113]

Wenn man sich eher für die Messung des Gegenteils, sprich: des moralischen Gehalts bzw. der ethischen Güte einer Führung interessiert, so bieten sich auch hier zwischenzeitlich einige Zugänge an. Im Besonderen zu nennen sind dabei – in chronologischer Reihenfolge – der:

- „Perceived Leader Integrity Scale" (PLIS) von Craig und Gustafson[114]
- „Ethical Leadership Scale" (ELS) von Brown, Treviño und Harrison[115], der auch in einer deutschen Adaption (ELS-D) vorliegt[116]
- „Ethical Leadership at Work" (ELW) Questionnaire von Kalshoven/Hartog/Hoogh[117]
- „Ethical Leadership Questionnaire" (ELQ) von Yukl et al.[118], der auf einer Kritik der vorgenannten Verfahren aufbaut und deren je spezifische Mängel zu vermeiden sucht.

Exemplarisch möchten wir hier kurz auf den Ethical Leader Scale (ELS) von Brown et al. eingehen. Inhaltlich beruht der ELS auf Abfragen von Vorstellungen, die Menschen über ethische Führer haben. Gezeigt hat sich dabei, dass diese Vorstellungen nicht nur auf einen besonderen Charakter bzw. ausgeprägte Tugenden der Führenden abstellen, sondern überdies auch die Forderung beinhalten, dass Führende die Geführten bewusst und gezielt zu ethischen Verhaltensweisen anleiten sollten. Das Verfahren korrespondiert so gesehen mit der Vorstellung, dass ein Good Leadership nicht nur eine „moralische Person", sondern in Personalunion auch einen „moralischen Manager" erfordert.[119] Insgesamt versteht sich der ELS-D nicht nur als ein Messinstrument, sondern auch als ein Führungsinstrument, das in vielfältigen Kontexten (z. B. Signalwirkung hinsichtlich der Bedeutung von Ethik in der Organisation, Leistungsrückmeldung an Führungskräfte, Grundlage für Führungskräftebeurteilung und -entwicklung) praktische Anwendung finden kann.[120]

| Item | |
|---|---|
| 1 | … hört auf das, was Mitarbeitende zu sagen haben. |
| 2 | … bestraft Mitarbeitende disziplinarisch, die ethische Standards verletzten. |
| 3 | … führt ihr/sein Leben in einer ethischen Art und Weise. |
| 4 | … denkt an die Interessen der Mitarbeitenden. |
| 5 | … trifft faire und ausgewogene Entscheidungen. |
| 6 | … ihr/ihm kann vertraut werden. |
| 7 | … diskutiert Geschäftsethiken und -werte mit Mitarbeitenden. |
| 8 | … gibt Beispiele, wie Dinge aus ethischer Sicht richtig gemacht werden sollten. |
| 9 | … beurteilt Erfolge nicht nur nach den Ergebnissen, sondern auch danach, wie sie erreicht wurden. |
| 10 | … wenn sie/er Entscheidungen fällt, fragt sie/er: „Wie kann ich bei dieser Entscheidung das Richtige tun? |

Abbildung 8: Ethical Leadership Scale (ELS-D)[121]

## Bad Leadership zwischen Bezifferung und Begründung

Die Güte der Unternehmensführung wie auch der Mitarbeiterführung lässt sich also vermessen, und wird auch gemessen. Mit Erfolgskennzahlen hier, mit Fragenbögen dort. Ist die Unterscheidung zwischen „gut“ und „schlecht“ damit nun aber ihres subjektiv-wertenden Charakters beraubt und der wissenschaftlichen Objektivität zugänglich geworden? Schön wäre es wohl, aber leider ist es nicht so. „Gut“ und „schlecht“ lassen sich – zumindest nicht endgültig – objektivieren. So können wir zwar berechnen und ausweisen, welches Unternehmen in einem Jahr die höchste Kapitalrendite erwirtschaftet hat und also das Erfolgreichste ist. Wir wissen damit allerdings noch lange nicht, ob diese Rekordrendite auf „saubere“ Weise erwirtschaftet wurde, oder ob es sich hier vorrangig um „dreckige“ Gewinne handelt – Gewinne also, die auf unmoralische oder gar ungesetzliche Art und Weise erzielt wurden. Unternehmenserfolg kann folglich aus einem Good Leadership resultieren, möglicherweise aber auch aus einem Bad Leadership, das den eigenen Erfolg weithin auf Kosten von anderen erzielte. Wir müssen folglich immer auch hinter die Zahlen schauen, um Bewertungen im Sinne von gut oder schlecht auf eine umfassendere Grundlage zu stellen.

Nicht viel anders verhält es sich im Rahmen der Mitarbeiterführung. Hier stellt beispielsweise das Forscherquartett um Mark Martinko[122] deutlich heraus, dass die Beurteilung einer Führung als feindselig und aggressiv natürlich stark von der Persönlichkeit des Geführten abhängig ist. Hier mag es dann so sein, dass ein Führender von manchen als feindselig erlebt wird, von anderen hingegen nicht. Bestimmt dann die Mehrheit, ob eine Führungskraft schlecht ist – sofern sich überhaupt eine herausbildet? Und was, wenn eine Führung von den Geführten mehrheitlich als „schlecht“ bewertet wird, von übergeordneten Instanzen hingegen als erfolgreich? Sollte man eine solchermaßen „gute“, aber „schlechte“ Führungskraft dann austauschen? Hinzu kommt: Führung kann von den Geführten als sehr gut bewertet werden, obgleich sie im Grunde einen ausbeuterischen Charakter besitzt. Eine andere Führung kann dagegen als schlecht bewertet werden, und nach Einsetzung eines nicht besseren Vorgesetzten plötzlich viel besser erscheinen.

Kurzum: Die Vermessung von Gut und Böse hat Grenzen. Und dies vermag auch kaum zu überraschen, da es sich hier um ethische Kategorien handelt – und, wie schon vorangestellt, „Ethik ist kontrovers!“ (Ulrich Thielemann). Und Dinge, die kontrovers beurteilt und deshalb argumentativ zu klären sind, können nicht kurzschlüssig entschieden werden, indem man Zahlen über sie generiert. Die moderne Ethik lehrt hier vielmehr, dass über gut und schlecht nur vernünftig befunden werden kann, wenn man die betreffenden Dinge kritisch hinterfragt und erörtert. Reflexion (Nachdenken) und Deliberation (öffentliches Beratschlagen) sind die passenden Begriffe aus der Moraltheorie[123]. Ungeachtet der quantitativen Bemessungsverfahren (Bilanzen hier, Befragungen dort) ist eine Führung letztlich also nur dann als gut oder schlecht einzustufen, wenn wir diese Beurteilung mit guten Gründen hinterlegen und diese guten Gründe auch andere zu überzeugen vermögen. Eine Führung wäre dann zwar immer noch nicht *objektiv* gut oder schlecht, zumindest aber *intersubjektiv*[VII]. Vielmehr wird diesseits von Ideologien kaum zu erreichen sein. Im Zweifel gilt also: Nur mit guten Gründen, nicht aber allein mit genauen Zahlen können wir annäherungsweise darüber befinden, warum eine Führung das Attribut gut oder schlecht verdient.

---

[VII] „Intersubjektivität drückt aus, dass ein komplexer Sachverhalt für mehrere Betrachter gleichermaßen erkennbar und nachvollziehbar sei: Man ist sich beispielsweise darüber einig, wie man etwas wahrnimmt, wie man es einordnet, oder was es bedeutet." (de.wikipedia.org/wiki/Intersubjektivität)

# Teil 2

## Weshalb schlechte Führung entsteht

# Kapitel 4
# Die dunkle Triade – oder: Der Siegeszug narzisstischer, machiavellistischer und psychopathischer Führer

*„Denn es ist wohl festzustellen, dass die Menschen entweder gütlich behandelt oder vernichtet werden müssen."*

Niccolò Machiavelli, Der Fürst[124]

Beginnen wir unsere Suche nach Erklärungen für Bad Leadership dort, wo die allermeisten sie beginnen werden und wo auch unser einfaches Bad Leadership-Bild (siehe Abbildung 1) seinen Ausgangspunkt nimmt: beim *Bad Leader*, der wahlweise auch als *Dark Leader*[125] bezeichnet werden kann. Im einfachsten Zugriff sind damit Führende gemeint, die schlechte Menschen sind, sprich: überwiegend durch schlechte Eigenschaften geprägt bzw. durch einen schlechten Charakter ausgezeichnet sind. Die wissenschaftliche Diskussion über Bad Leadership, die sich in diesem Bereich natürlich stark aus Erkenntnissen der Psychologie und Psychiatrie speist, fokussiert in diesem Zusammenhang vor allem eine Begrifflichkeit, die die kanadischen Psychologen Delroy Paulhus und Kevin Williams im Jahre 2002 vorstellten, nämlich die „dunkle Triade der Persönlichkeit".[126] Deren Bestandteile sind drei zwar negative, nicht aber unbedingt krankhafte Persönlichkeitsprägungen[127]: der Machiavellismus, der subklinische[VIII] Narzissmus sowie die subklinische Psychopathie. Wir haben diese Trias in Kapitel 3 im Zusammenhang mit dem Dreckigen Dutzend (und den Niederträchtigen Neun) schon kurz angesprochen und deren prototypische Kerne benannt: das *grandiose Selbst* des Narzissten, das *manipulative Ausnutzen* des Machiavellisten und die *Empathielosigkeit* des Psychopathen. Neben diesen spezifischen Ausrichtungen besteht allerdings auch eine gewisse Schnittmenge zwischen den Konstrukten – hier bezeichnet als „antisozialer Kern" (Abbildung 9). Nach Paulhus und Williams setzt sich dieser zusammen aus dem reinen Eigeninteresse, der emotionalen Kälte sowie der Falschheit und Aggressivität, die für diesen Personenkreis verhaltensbestimmend sind.[128]

---

VIII Das Adjektiv „subklinisch" verweist darauf, dass die entsprechende Persönlichkeitsprägung klinisch noch nicht oder nur sehr schwer erkennbar ist.

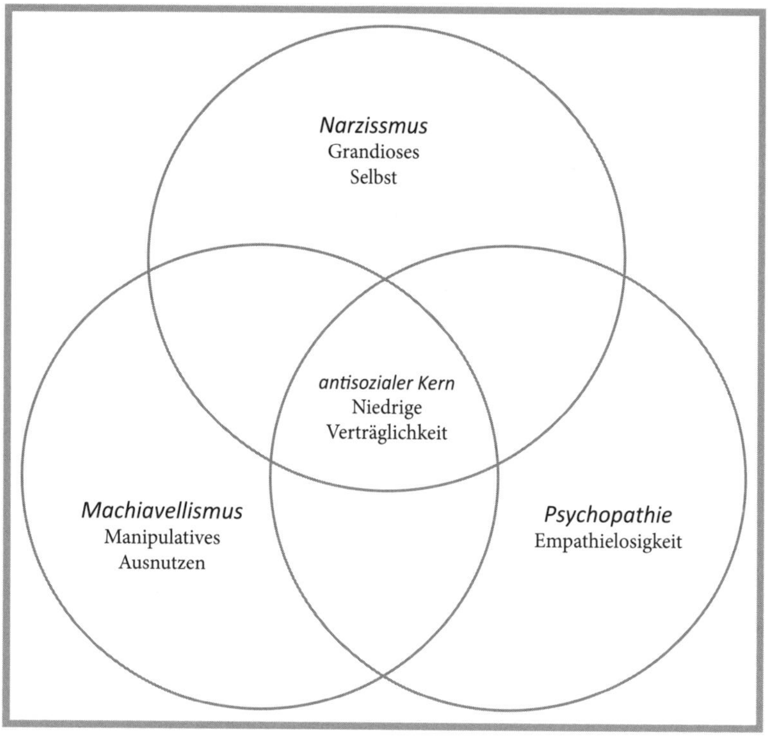


Abbildung 9: Die dunkle Triade der Persönlichkeit und ihre prototypischen Kerne[129]

Wir wollen die einzelnen Komponenten der dunklen Triade, die einerseits ja auf recht düstere, andererseits aber auch auf merkwürdig schillernde und klammheimlich faszinierende Typen abstellen, im Folgenden schrittweise kennenlernen, um ihren Gesamtbeitrag für das Bad Leadership einordnen zu können. Vorab jedoch gilt: Vorsicht ist geboten! Soll heißen: Wir sollten uns als psychologische und psychiatrische Laien tunlichst davor hüten, einige allgemeine Kenntnisse zum Thema schon als hinreichend für konkrete Zuschreibungen zu erachten – gemäß dem Motto: mein Chef ist ein Psychopath und/oder mein Kollege ein Narzisst und/oder das Team eine Ansammlung von Machiavellisten. Dass sich hier sogar Experten überaus schwer tun (sollten), verdeutlicht Markus Schulte von Drach in einem aufschlussreichen Beitrag zum Thema: „Die Psyche des US-Präsidenten und das Dilemma der Experten".[130] In diesem geht es um die weithin im Raume stehende Frage, ob Donald Trump ein (potenziell gefährlicher) Narzisst ist – oder nicht. Stand der Debatte: Eine Vielzahl renommierter Spezialisten lehnt sich in dieser Frage zwischenzeitlich aus dem Fenster, wagt die Diagnose aus der Ferne und attestiert dem Präsidenten eine „schwere emotionale Instabilität", die ihn „unfähig macht, sein Amt als Präsident sicher zu erfüllen". So zum Beispiel die Einschätzung einer 35-köpfigen Expertengruppe um den Harvard-Psychologen Lance Dodes. Derlei Beurteilungen werden allerdings auch vehement kritisiert. Hauptargument dabei: die sog. „Goldwater-Regel", die es als „unethisch" für Psychiater erklärt, „eine professionelle Meinung zu äußern, bevor er oder sie eine Untersuchung vorgenommen und die Erlaubnis der Betroffenen erhalten hat, sich darüber zu äußern." Der führende Narzissmusexperte Otto Kernberg stellte in diesem Sinne und mit Blick auf Donald Trump lakonisch fest, sein Berufsethos verbiete ihm, über Personen, die er nicht selbst untersucht habe, Diagnosen zu stellen. Und wenn er sie untersucht habe, dann werde er sich als Arzt sicher nicht dazu äußern! Philip Zimbardo, kaum minder bekannter Psychologe (siehe Kapitel 6), sieht dies allerdings anders und stellt seinerseits fest: „Die Pflicht zu warnen, wiegt schwerer als die Goldwater-Regel." Man sieht: Was auch immer der Experte hier tut, er macht sich in jedem Falle die Hände schmutzig (siehe Kapitel 2). Und umso zurückhaltender sollten wir als Laien sein, bevor wir andere zu Protagonisten der dunklen Triade erklären.

## Narzissmus – Ovid und das grandios-verletzliche Selbst

„Narziss, der schon bei seiner Geburt liebreizend war, wuchs zu einem schönen Jüngling heran, der mit 16 Jahren so schön war, dass viele Jünglinge und Mädchen ihn begehrten. Jedoch war in seiner zarten Gestalt 'so spröder Stolz', dass niemand ihn berühren konnte. Die Nymphe Echo erblickte Narziss, als dieser bei der Hirsch-Jagd war. (...) Echo folgte heimlich Narziss' Spuren. Je länger sie Narziss folgte, desto mehr wuchs ihre Liebe an. (...) Echo trat aus dem Wald heraus, um ihre Arme um den Hals von Narziss zu legen. Dieser jedoch floh vor ihr und sagte: 'Hände weg, lass die Umarmungen! Eher will ich sterben, als dir gehören'. Echo antwortete: 'dir gehören'. (...) Durch den Liebeschmerz und Kummer verzehrte sich ihr Leib. Ihre Knochen verwandelten sich in Stein, und nur ihre Stimme blieb übrig. (...) Eines Tages ließ sich Narziss (...) am Ufer einer Quelle nieder. Die Quelle war klar wie Silber und von der Natur bislang unberührt geblieben. Und als er seine 'Begierde' nach Wasser zu stillen versuchte, wuchs ein 'Begehren' in ihm gegenüber dem, was er in einer Welle sah: 'Nichts ahnend begehrte er sich selbst, empfindet und erregt Wohlgefallen, wirbt und wird umworben, entzündet Liebesglut und wird zugleich von ihr verzehrt'. Schließlich stellte Narziss fest, dass er sich in sein eigenes Spiegelbild verliebt hatte: 'Ich bin es selbst! (...) Liebe zu mir selbst verbrennt mich'. (...) Mit Schmerz geplagt und der Erkenntnis über die Ausweglosigkeit seiner Situation gab Narziss sich mit schwindenden Kräften seinen Tränen hin. (...) Echo, die den sterbenden Narziss erblickte, wurde trotz ihres Grolles auf den Jüngling vom Schmerz erfasst und echote dessen letzte Worte: 'Lebe wohl!' An jener Stelle, an dem der Körper von Narziss verging, wuchs eine Blume, die safrangelb in der Mitte und von weißen Blütenblättern umsäumt war – die Narzisse."[131]

Soweit Ovid (43 v. bis 17 n. Chr.) in seinen „Metamorphosen", die den prototypischen Kern des Narzissmus klar erkennen lassen. Spätestens mit den Arbeiten Sigmund Freuds hielt der Begriff Anfang des 20.Jahrhunderts Einzug in die Psychoanalyse[132], die sich mit unbewussten, in der Regel kindheitsbezogenen psychischen Vorgängen auseinandersetzt und unter Narzissmus allgemein die „Konzentration des seelischen Interesses auf das eigene Selbst"[133] versteht. Entgegen der landläufigen Meinung ist Narzissmus dabei zunächst einmal „kein Unwort"[134], da die Konzentration auf das eigene Selbst nicht per se als schlecht, sondern vielmehr – im rechten Maß – als sinnvoll, wünschenswert und für ein gutes Leben letztlich unverzichtbar erscheint. So gesehen gibt es einen positiven, produktiven und normativen Narzissmus[135], der allerdings klar von einem negativen, pathologischen und destruktiven Narzissmus zu unterscheiden ist. Die Trennlinien werden hier jedoch sehr uneinheitlich gezogen. So geht der Psychiater und Psychotherapeut Gerhard Dammann[136] ganz allgemein von einem Kontinuum aus, das von positiven bis zu destruktiven Formen des Narzissmus reicht und auf dem wir alle uns irgendwo befinden (und bewegen). Einen klaren Schnitt fordert hingegen sein Kollege Roy Lubit[137], der mit einem „gesunden" Narzissmus und einem „destruktiven" Narzissmus zwei eindeutig abgrenzbare Kategorien unterscheidet. Manfred Kets de Vries und Danny Miller[138] ihrerseits definieren drei Idealtypen des Narzissmus: den reaktiven, den selbstbetrügerischen und den konstruktiven, die sich jeweils auf frühe Kindheitserfahrungen zurückverfolgen lassen.[IX]

Von herausragender Bedeutung bei der konkreten medizinisch-diagnostischen Bestimmung des destruktiven Narzissmus dürfte der Kriterienkatalog der American Psychiatric Association sein, der besagt, dass von einer narzisstischen Persönlichkeitsstörung dann auszugehen ist, wenn mindestens fünf der neun folgenden Diagnosekriterien zu beobachten sind.

---

[IX] Ein *reaktiver Narzissmus* wird dabei als Folge unbefriedigter Anerkennungsbedürfnisse während der Kindheit verstanden, die im Erwachsenenalter dann beständiger Kompensation bedürfen. Ein *selbstbetrügerischer Narzissmus* entsteht dagegen quasi auf dem Gegenteil dessen, nämlich einer Erziehung, die Kindern wirklichkeitsfremd vermittelt, in jedem Falle perfekt und absolut liebenswert zu sein.

1. Großartige Gefühle der Selbstherrlichkeit
2. Vertiefung in Phantasien grenzenloser Macht und grenzenloser Erfolge
3. Glaube an.einen „speziellen" und einzigartigen Status der eigenen Person (inklusive einer Fixierung auf den Umgang mit hochgestellten Personen oder Institutionen)
4. Bedürfnis nach grenzenloser Bewunderung
5. Irrationale Annahme und Erwartung besonderer Rechte und Befugnisse
6. Ausbeutung anderer Personen
7. Fehlendes Einfühlungsvermögen
8. Neid
9. Arrogante Verhaltensweisen und Einstellungen

Abbildung 10: Diagnostische Kriterien zur Bestimmung einer narzisstischen Persönlichkeitsstörung[139]

In enger Korrespondenz mit diesem Katalog bestimmen die Harvard-Wissenschaftler Seth Rosenthal und Todd Pittinsky[140] die folgenden psychologischen Merkmale einer narzisstischen Persönlichkeit:

- *Arroganz,* die üblicherweise als das hervorstechendste Merkmal narzisstischer Personen gilt;
- *Minderwertigkeitsgefühle,* welche die innere Gefühlslage des Narzissten dauerhaft beherrschen und vermittels ostentativer Arroganz und Selbstgefälligkeit sowie herablassender Verhaltensweisen gegenüber anderen kompensiert werden sollen;
- übersteigertes *Bedürfnis nach Anerkennung und Überlegenheit,* das ständig und immer aufs Neue zu befriedigen gesucht wird;
- *Überempfindlichkeit und Wut,* welche insbesondere in Situationen, in denen die eigene Überlegenheit von anderen infrage gestellt wird, zu unkontrollierten Wutausbrüchen sowie auch nachhaltigen Wünschen nach Rache und Vergeltung führen;
- *fehlende Empathie,* das heißt eine weitgehende Unfähigkeit die Sicht anderer zu verstehen, woraus eine egozentrische Sicht der Dinge resultiert;
- *Amoralität,* die sich insbesondere in der Bereitschaft äußert, gegenüber wahrgenommenen Feinden, aber auch gegenüber vermeintlich unfähigen oder illoyalen Gefolgsleuten, auf rücksichtslose und mitunter brutale Weise zu agieren;
- *Irrationalität und Inflexibilität,* die bewirken, dass Narzissten unfähig oder unwillig sind, subjektiv unpassende oder unangenehme Wahrheiten anzuerkennen bzw. sich in einer situativ angepassten Weise zu verhalten;
- *Paranoia,* die sich häufig darin äußert, dass narzisstische Personen auch und gerade ihre loyalsten Gefolgsleute als Feinde wahrnehmen, ihnen misstrauen, sie zurückweisen und sie gegebenenfalls sogar zu vernichten suchen.

Diese Merkmale verdeutlichen, dass Narzissmus seine „dunkle" und destruktive Wirkung insbesondere natürlich in sozialen Beziehungen entfaltet.

Pathologisch wird Narzissmus im Grunde dann, wenn die Konzentration auf das eigene Selbst auch die Beziehungen zu anderen Menschen dominiert[141], das Individuum gleichsam von einem „krankhaften Vertieftsein in das eigene Selbst“[142] beherrscht ist. Typische Folgewirkungen dessen sind dann beispielsweise ein ständiger Vergleich mit anderen, ein starkes Bedürfnis nach Bestätigung von Anderen, Neid auf andere, Entwertung von anderen, das Kleinreden von Leistungen anderer und das Beanspruchen von Verdiensten anderer für sich selbst.[143] So gesehen ist der pathologische Narzissmus wesentlich dadurch gekennzeichnet, dass andere Menschen funktionalisiert werden, um das eigene Selbstwertgefühl zu stabilisieren.[144] Seinen emotionalen Idealzustand erreicht der pathologische Narzisst dann, wenn er selbst überaus erfolgreich ist, während alle anderen versagen.[145]

Eingedenk der „Light Side of Leadership“ (Motto: „Nur gute Führung ist auf Dauer erfolgreich!“; siehe Einleitung) sollte man annehmen, dass pathologische Narzissten lediglich in seltenen Ausnahmefällen in gehobene Führungspositionen aufsteigen. Nahezu alle Studien[146] belegen hingegen das genaue Gegenteil, dass nämlich – auch und gerade pathologischer – Narzissmus tatsächlich als ein bedeutender „Karriere-Treiber“ einzustufen ist. Gründe hierfür sind zum einen, dass Narzissten Karriereerfolg überdurchschnittlich stark wollen, da sie dies als Nachweis für die eigene Grandiosität schlicht brauchen.[147] Narzissten sind zum anderen aber auch aufs Höchste „charmant und charismatisch, zumindest vorübergehend“[148]. Das heißt, narzisstische Persönlichkeiten verfügen über eine Vielzahl karriereförderlicher Charakteristika wie:[149]

- oberflächlichen Charme;
- übersteigertes Selbstwertgefühl;
- Tendenz, sich selbst zu überschätzen;
- charismatische Ausstrahlung;
- suchtartiges Arbeitsverhalten;
- Fähigkeit, andere zu lenken, zu beeinflussen und zu manipulieren;
- Risikofreudigkeit;
- große innere Flexibilität aufgrund mangelhafter Bindung und Identität.

Ein Letztes vielleicht noch in diesem Zusammenhang: Die zunehmende Individualisierung bzw. die epidemische „Ichinflation“[150], die in westlichen Gesellschaften seit einigen Jahrzehnten auf dem Vormarsch ist und Werte wie Wettbewerb und Leistung, Status und Macht über die Maßen großschreibt, hat insgesamt zu einem starken Anstieg der Narzissmuswerte beitragen[151] – wobei dieser Boom ein Stück weit auch dadurch miterklärt wird, dass Frauen in Sachen Narzissmus gegenüber den traditionell narzisstischeren Männern erkennbar „aufholen“.[152]

## Machiavellismus – Der Fürst und die Befreiung der Führung von der Last der Moral

> „Ein Fürst braucht also nicht alle (...) Tugenden zu besitzen, muss aber im Ruf davon stehen. Ja, ich wage zu sagen, dass es sehr schädlich ist, sie zu besitzen und sie stets zu beachten; aber fromm, treu, menschlich, gottesfürchtig und ehrlich zu scheinen ist nützlich. Man muss nur sein Gemüt so gebildet haben, dass man, wenn es nötig ist, auch das Gegenteil vermag. Und dies ist so zu verstehen, dass ein Fürst, insbesondere ein neuer Fürst, nicht all das beachten kann, was bei anderen Menschen für gut gilt; denn oft muss er, um seine Stellung zu behaupten, gegen Treu und Glauben, gegen Barmherzigkeit, Menschlichkeit und Religion verstoßen. Daher muss er das Gemüt besitzen, das sich nach den Winden und nach dem wechselnden Glück zu drehen vermag, und, wie gesagt, zwar nicht vom Guten lassen, wo dies möglich ist, aber auch das Böse tun, wenn es sein muss."[153]

So schrieb im Jahre des Herrn 1513 Niccolò Machiavelli den Fürsten der Zeit ins Stammbuch. Dass sein Name und seine Thesen bis heute nicht vergessen, sondern stattdessen ebenso berühmt wie berüchtigt geblieben sind, dürfte vor allem an jenem Tabubruch liegen, für den Machiavelli wie kein Zweiter steht. Dieser Bruch besteht im Grunde in der kompletten Zurückweisung der „Light Side of Leadership" (nochmals: unsere tiefe Überzeugung, dass nur gute Führung letztlich erfolgreich sein kann!) und in der praktisch entgegengesetzten Forderung, dass Führende schlicht verlernen müssen, gut zu sein, wenn sie Macht wahren und steigern wollen. Denn nur wer sich befreit hat von der Last der Moral, kann wirklich klug führen, was eben bedeutet: „gut" sein, solange es nützlich ist, schlecht sein, sobald es erforderlich ist. Machiavelli ist damit gleichsam der Spiritus Rector der ethisch sicher nicht schönen, dafür aber höchst effektiven „Realpolitik"[154], die auf Ideale jeglicher Art pragmatischer Weise verzichtet.

Die Übertragung des klassischen Gedankenguts von Machiavelli in die moderne Psychologie und Führungslehre geht vor allem auf die „Studies in Machiavellianism" der Psychologen Richard Christie und Florence Geis[155] aus dem Jahre 1970 zurück, auf deren Grundlage das Autorenduo Henning und Six nur wenig später die Konstruktion einer Machiavellismus-Skala herleitete, die unter anderem folgende Items beinhaltet (Abbildung 11):

- Im Umgang mit Menschen ist es am besten, ihnen das zu sagen, was sie hören wollen.
- Es ist nicht so wichtig, wie man gewinnt, sondern dass man gewinnt.
- Bescheidenheit ist nicht nur unnütz, sie ist sogar schädlich.
- Jeder ist sich selbst der Nächste.
- Um eine gute Idee durchzusetzen, ist es unwichtig, welche Mittel man dabei anwendet.
- Sicheres Auftreten ist mehr wert als Empfänglichkeit für Gefühle.
- Man sollte nur dann den wahren Grund seiner Absichten zeigen, wenn es einem nützt.
- Man kann ein Versprechen ruhig brechen, wenn es für einen selbst vorteilhaft ist.
- Meistens ist es günstiger, seine wahren Absichten für sich zu behalten.
- Wer einem anderen zum Aufstieg verhilft, richtet sich selbst zugrunde.

Abbildung 11: Items aus der Machiavellismus-Skala von Henning und Six (1977)[156]

In Ergänzung und vor allem auch zur Systematisierung lassen sich nach Jason Dahling, Brian Whitaker und Paul Levy[157] vier grundlegende Charakteristika des Machiavellisten ausmachen:

- *Bedürfnis nach Macht und Status*: Der Machiavellist verfolgt eine strikte Maximierung seines eigenen Nutzens. Von Nutzen sind ihm dabei weniger immateriell respektive intrinsisch dimensionierte Zielverwirklichungen (z.B. Selbstentwicklung), sondern vielmehr materielle und extrinsische Erfolgsausweise wie Reichtum, Macht und Status. Zentrales Handlungsmotiv ist insofern „der Wunsch nach Anhäufung äußerlicher Erfolgsausweise".[158]
- *Misstrauen gegenüber anderen*: Der Machiavellist erlebt sich dabei als „Einzelkämpfer" unter „vielen, die das Schlechte tun"[159], zeichnet sich folglich durch ein stark negatives Menschenbild aus und lebt mithin in ständiger Sorge vor den Negativwirkungen, die das Vorteilsstreben der anderen auf sein eigenes Vorteilsstreben haben kann.
- *Bedürfnis nach Kontrolle*: Da der Machiavellist sich von anderen bedroht fühlt, muss er sich stets behaupten, indem er soziale Beziehungen dominiert.
- *Unmoralische Manipulation*: In seinem Streben nach sozialer Dominanz und Macht über andere ist dem Machiavellisten jedes – „ethische" und unethische – Mittel recht. Er ist so gesehen „moralisch flexibel" und damit imstande, schlecht gegen andere zu handeln, wenn es gut für ihn ist. In diesem Zusammenhang wird vor allem die Fähigkeit des Machiavellisten zur Manipulation anderer herausgestellt, die sich auch und gerade auf unmoralische Verhaltensweisen wie lügen, betrügen, täuschen, stehlen u.ä.m. stützt.

Als Führender in Organisationen ist der Machiavellist entsprechend dadurch gekennzeichnet, dass er – auf der Basis seines individuellen Nutzenkalküls – absolut flexibel re-/agieren kann, beispielsweise problemlos zwischen kooperativen und manipulativen Verhaltensweisen[160] oder zwischen direktiven und partizipativen Führungspraktiken[161] zu changieren vermag. Machiavellistische Führung steht damit in erkennbarer Nähe zur bereits angesprochenen ausbeuterischen Führung (siehe Kapitel 2).[162] Der Vergleich zwischen stark machiavellistischen Persönlichkeiten („high Machs") und wenig machiavellistischen Persönlichkeiten („low Machs") zeigt überdies, das „high Machs" signifikant häufiger in Führungspositionen aufsteigen und dort auch bessere Leistungsergebnisse erzielen als „low Machs".[163]

## Psychopathie – Furcht- und gewissenlos zwischen Vorstandsetage und Gefängnistrakt

Unter Psychopathie versteht man ganz allgemein eine antisoziale Persönlichkeitsstörung, die durch eine bestimmte Kombination von Verhaltensweisen und daraus gefolgerten Charaktereigenschaften definiert ist.[164] Eine gute Annäherung an die typischen Verhaltensweisen und Eigenschaften eines Psychopathen ermöglicht Robert Hare, der seiner Arbeit über die „Psychopathen unter uns" (Untertitel) bezeichnenderweise die Überschrift „Gewissenlos" gibt und dazu ausführt: „Zusammengesetzt ergeben die Einzelteile des Puzzles das Bild einer egozentrischen, gefühllosen und brutalen Persönlichkeit ohne jegliches Mitgefühl, unfähig, warmherzige Gefühlsbindungen einzugehen, eines Menschen, der ohne die Instanz des Gewissens 'funktioniert'".[165] Als wesentliche – und allesamt gesellschaftsfeindliche – Charakteristika des Psychopathen werden insbesondere benannt: Selbstbezogenheit, Unberechenbarkeit, Skrupellosigkeit, Emotionslosigkeit, Treulosigkeit, Verantwortungslosigkeit, Furchtlosigkeit, hohe Risikofreudigkeit sowie – nicht zuletzt – kriminelle Energie.[166] In Bezug auf ihre Ursachen unterscheidet sich die Psychopathie dabei deutlich vom Narzissmus, da dieser vorrangig als Folge von frühen Kindheitserfahrungen aufgefasst wird, wohingegen die Psychopathie auch und gerade auf genetische Faktoren, konkret: auf Beeinträchtigungen zweier Hirnregionen (Amygdala und präfrontaler Kortex) zurückgeführt wird.[167] Suchen wir gedankliche Ankerpunkte für einen (klinischen) Psychopathen, dann drängen sich am ehesten vielleicht filmische Vorlagen auf – Hannibal Lecter in „Das Schweigen der Lämmer" oder Joker in „The Dark Knight".[168]

Stellt man die Psychopathie in den Kontext der Führung[169], dann ist festzustellen, dass sich auch die Psychopathen in Organisationen in aller Regel hervorragend zu präsentieren und zu „verkaufen" wissen. Mittels eines außergewöhnlich charmanten Auftretens, geschickter Schmeichelei, Lüge und Manipulation gelingt es ihnen schnell, hierarchisch aufzusteigen und in

Machtpositionen mit hohem Status und Einkommen zu gelangen.[170] Dazu passt die Beobachtung von Robert Hare[171], wonach engste Kollegen häufig durchaus Kenntnis von Manipulationen, Verantwortungslosigkeiten und damit dem psychopathischen Wesen einer Führungskraft besitzen, eben dies höheren Hierarchieebenen hingegen lange Zeit völlig verborgen bleiben kann – weil die psychopathische Führungskraft sich und ihr „Führungstalent" überaus manipulativ-überzeugend nach oben zu vermitteln vermag. Insgesamt fügt es sich so, dass der Anteil von Psychopathen in Studien[172] bei obersten Führungskräften auf rund 3,5 Prozent geschätzt wird, auf der mittleren Führungsebene bei 2 bis 3 Prozent liegen dürfte, während er im Bevölkerungsdurchschnitt lediglich 1 Prozent ausmacht.

Zu spezifizieren ist hier, dass die extreme Kaltblütigkeit und Furchtlosigkeit Psychopathen besonders für Tätigkeiten prädestiniert, die mit höchsten Gefahren bzw. Risiken verbunden sind. Typisch hierfür das Investment-Banking, wo sich die sogenannten „Corporate Psychopaths" aufgrund der Rahmenbedingungen nicht nur sehr wohl fühlen[173], sondern wo sie arbeitgeberseitig zuweilen auch regelrecht gesucht werden.[174] Ganz in diesem Sinne stellte Robert Hare in 2005 – also vor der Finanzmarktkrise – fest: „Falls ich Psychopathen nicht im Gefängnis untersuchen könnte, würde ich meine Probanden sehr wahrscheinlich an einem Ort wie der Börse von Vancouver suchen."[175] Wie eine Bestätigung dessen liest sich ein Fachbeitrag von Clive Boddy[176] aus 2011, der herausstellt, dass gerade psychopathische Trader einen großen Anteil an der Entstehung der Bankenkrise hatten, die im Nachgang dann allerdings völlig unbeteiligt auf den Kollaps reagierten, jegliches Bedauern vermissen ließen und mit den Taschen voller Geld sich nunmehr darauf konzentrieren, die Regierungen der Welt zu beraten, wie derartige Krisen künftig vermieden werden können. Fazit des Beitrags: „Es gibt Verfahren, um Corporate Psychopaths zu identifizieren. Vielleicht ist es an der Zeit, sie zu nutzen!"[177] Allzu lange sollte man damit wohl nicht warten, denn, so das Ergebnis einer Befragung von 250 Wall Street Insidern (Trader, Broker, Analysten, Portfolio- und Hegdefonds-Manager) aus 2013: Betrug, Selbstsucht und Raffgier sind in der Branche gängiger denn je, weshalb die Main Street (wir) sich auf neue Skandale der Wall Street gefasst machen sollte.[178]

## Dark Leader – Mittels Impression Management zur Karriere ins Chaos!?

Bad Leader im Sinne der „dunklen Triade" unterscheiden sich durch ihre verschiedenen prototypischen Ausprägungen, weisen gleichwohl aber auch einen gemeinsamen antisozialen Kern auf (siehe Abbildung 9). Wie die obigen Ausführungen zeigen, sind darüber hinaus aber auch weitere wichtige Gemeinsamkeiten und Unterschiede auszumachen. Diese lassen sich recht schön entlang der möglichen Interpretationen von Führungserfolg („Successful Leadership") nachzeichnen, worunter je nachdem dreierlei verstanden werden kann[179]: (a) das Erreichen einer angestrebten Führungsposition („Emergence"), eine hohe Effektivität der Führung in dieser Position („Effectiveness") sowie schlicht eine hohe moralische Qualität der Führung („Goodness").

Was den ersten Punkt („Emergence") betrifft, so kann eine Gemeinsamkeit aller Triaden-Persönlichkeiten festgestellt werden. Sprich: So antisozial sie alle im Kern sind, so sozial kompetent vermögen sie alle gleichzeitig zu erscheinen. *Impression Management* ist hier das Stichwort, also Karriere und Aufstieg bis in höchste Führungspositionen durch Charme und Charisma, Schmeichelei und Manipulation. Diese Kernkompetenz ist gleichermaßen für Narzissten, Machiavellisten wie auch Psychopathen unstrittig. Dabei gilt im Weiteren: Je höher die „Triadisten" aufsteigen, desto eher können sie ihr Impression Management zurückfahren und ihr wahres Gesicht zu erkennen geben. Denn: Selbst offensichtlich pathologische Verhaltensweisen werden zumindest bei Top-Managern in der Regel geduldet, gar goutiert und kurzerhand mit dem Schema „Besondere Menschen zeigen eben besonderes Verhalten" relativiert.[180] Die bereits angesprochenen Erkenntnisse zur Normalität und Faszination des Schlechten (siehe Kapitel 1) sind hier sicher anschlussfähig.

Weniger eindeutig wird es beim zweiten Aspekt des Führungserfolgs, der Führungs-Effektivität. Die gängige („Light Side"-)Lesart besagt hier ja, das Bad Leader immer schlecht für alle Beteiligten (Geführte, Organisation, sich selbst) wirken, mithin also von einem generellen „lose-lose-lose" auszugehen sei (siehe Einleitung). Mit anderen Worten: Destruktive Führer sind einfach nur destruktiv! Diese einfache Sicht der Dinge ist aus wissenschaftlicher Sicht so allerdings nicht zu halten. So zeigt eine Studie von Barbora Nevicka und breiter Kollegenschaft[181], dass narzisstische Führungskräfte, die als arrogant und dominant wahrgenommen werden, damit gleichzeitig auch eine Aura der effektiven Führung ausstrahlen, weshalb sie in Gruppenprozessen zumeist die Führungsfunktion zugeschrieben bekommen. Interessant dabei vor allem: Diese Führungskräfte werden selbst dann als besonders effektiv wahrgenommen, wenn die Leistung ihrer Gruppe sich erkennbar negativ entwickelt. Effektivität der Führung kann damit zweierlei sein: eine Wahrnehmung und eine Wirklichkeit. Was würden Sie bevorzugen: Als erfolgreicher Führer wahrgenommen zu werden – oder einer zu sein? Zu ähnlich zweischneidigen Ergebnissen kommt eine Untersuchung von Arijit Chatterjee und Donald Hambrick[182], die die Strategien und Erfolge von 111 nicht-/narzisstischen CEOs genauer untersuchten. Ergebnis: Die narzisstischen CEOs stellten erkennbar mehr strategische Dynamik unter Beweis und zeigten sich erkennbar offener gegenüber Akquisitionen anderer Organisationen. Spezifische Folgewirkungen dessen: Die Erfolge waren entweder deutlich höher („Big Wins") oder deutlich niedriger („Big Losses") als die der nicht-narzisstischen CEOs. Unterm Strich zeigte sich, dass die Performance aller narzisstischen CEOs weder besser noch schlechter war als jene der Kontrollgruppe. Fazit: Narzisstische Unternehmensführung ist nicht per se ineffektiv!

Erwähnenswert in diesem Zusammenhang auch noch zwei weitere Studien, die – methodisch außergewöhnlich aufwendig – die Führung von 42 bzw. 41 U.S.-Präsidenten untersuchten. Dabei zeigte sich, dass grandioser Narzissmus unter U.S.-Präsidenten deutlich häufiger vorzufinden ist als im Bevölkerungsdurchschnitt (Karrieretreiber!), sich dieser Narzissmus im Laufe der Präsidentschaft häufig verstärkte und insgesamt deutliche Korrelationen sowohl mit Indikatoren erfolgreicher Präsidentschaft (z.B. öffentliche Überzeugungskraft, gutes Krisenmanagement, gelungenes Agendasetting) wie auch mit negativen Erfolgsausweisen (v.a. ethisches Versagen) auszumachen sind.[183] In ähnlicher Weise zeigte eine Studie über subklinisch psychopathische U.S.-Präsidenten, dass verschiedene Charakteristika dieser Personengruppe (v.a. Furchtlosigkeit, Dominanz in zwischenmenschlichen Beziehungen) als Erfolgsfaktoren ihrer politischen Führung zu werten waren.[184] Angesichts dessen erscheint es manchem fast schon konsequent, über die Idee eines mittleren, optimalen Dark Triad-Levels bei Führenden nachzudenken.[185]

Was den dritten Punkt betrifft, die moralische Qualität („Goodnes") einer Führung durch narzisstische, machiavellistische und psychopathische Persönlichkeiten, so kann hier gleichermaßen eindeutig wie auch vorsichtig differenzierend geurteilt werden. So ist zum einen völlig klar, dass jede Führung mit einem entschieden antisozialen Kern keinesfalls als gute Führung gewertet werden kann. Mithin gilt: Führende aus dem Bereich der dunklen Triade stehen schlechterdings für ein Bad Leadership! Allerdings kann an dieser Stelle wieder einmal auf Barbara Kellerman und deren Feststellung zurückgegriffen werden, dass manche Führer sehr schlecht, andere hingegen weniger schlecht sind (siehe Einleitung). In Entsprechung dessen kann innerhalb der Triade eine gewisse Abstufung vorgenommen werden. So resümiert beispielsweise Marco Furtner in seiner Arbeit zum Thema „Dark Leadership": „Narzissmus repräsentiert die hellste und Psychopathie die dunkelste Form der dunklen Triade".[186] Der Machiavellismus liegt dann sozusagen im „Halbdunkeln".[187]

## Von der Triade zur Tetrade?

Und wem eine Triade noch nicht hinreicht, der sei abschließend auf den Vorschlag von Delroy Paulhus[188] hingewiesen, der „seine" Triade schon in Erweiterung in Richtung auf eine „Dunkle Tetrade" sieht – ergänzt dann um den *subklinischen* bzw. ganz *alltäglichen Sadismus* („Everyday Sadism"). Hierunter versteht er eine rein vom Vergnügen getriebene Form der Aggression, die keinerlei erkennbaren Nutzen erzielt und für Narzissten, Machiavellisten und Psychopathen insofern eher untypisch ist. Die empirische Bedeutung des alltäglichen Sadismus könnte nach Paulhus immens sein, was sich am Markt für gewaltverherrlichende Filme und Videospiele ablesen, sich aber auch der zunehmenden Verbreitung von Hasskommentaren im Internet (durch sog. Trolle) entnehmen lässt.[189] Sehr anschaulich wird das Problem bei einer Studie von Erin Buckels, Daniel Jones und Delroy Paulhus:[190] Unter dem offiziellen Forschungstitel „Persönlichkeit und Toleranz bei belastenden Arbeiten" wurden Probanden hier vier Handlungsmöglichkeiten zur Wahl gestellt: Hände in Eiswasser halten, eine schmutzige Toilette reinigen oder drei Asseln namens Muffin, Ike und Tootsie durch das Mahlwerk einer Kaffeemühle jagen – entweder selbst oder durch jemand anderen.[X] Die Hälfte der Probanden entschied sich für die Assel-Option, wobei jeder Zweite dies vorzugsweise auch selber verrichten wollte. Bei Befragungen gaben Probanden an, dass die Tötung ein Vergnügen bereitet hätte, das sich mit jeder Assel steigerte. Was diese Forschungen für den noch nahezu unerforschten Bereich der *sadistischen Führung* bedeuten, wollen wir an dieser Stelle lieber nicht weiter bedenken.

---

[X] Hinweis: Die Asseln wurden nicht wirklich getötet, sondern vor Erreichen des Mahlwerks in einen sicheren Behälter umgeleitet.

# Kapitel 5
# Die dunkle Seite des Erfolgs – oder: Wenn gute Führer schlecht werden

*„Wenn man Macht zu haben glaubt und von seinem Umfeld in diesem Bewusstsein bestärkt wird, fängt man an, sich in seinem Wesen zu verändern."*

Thomas Middelhoff, Ex-Manager[191]

Ausgangs- und Mittelpunkt der Erklärung von Bad Leadership sind die Bad Leader – wobei wir hierunter in der Regel Menschen verstehen, die in Führungspositionen in Wirtschaft und Politik aufsteigen und deren Persönlichkeit stark negativ geprägt ist. Sei es infolge frühkindlicher Prägung, sei es infolge genetischer Disposition (siehe Kapitel 4). Allerdings: Es gibt noch einen weiteren Erklärungsansatz, der ebenfalls die Person des Bad Leader betrachtet, aber deutlich anders argumentiert und somit einen zusätzlichen Mosaikstein in das Bad Leadership-Bild einfügt (siehe Abbildung 1). Die Behauptung lautet hier: Bad Leader sind nicht immer nur Menschen, die schlecht *sind*, sondern häufig auch Menschen, die gut sind, aber schlecht *werden* – dann nämlich, wenn Macht, Status und Erfolg überhandnehmen und buchstäblich zu Kopfe steigen. Dort, im Kopf des Betreffenden und Betroffenen, entsteht dann wahlweise zweierlei: *Hybris* oder *Gier*, mitunter beides. Dass dies erst einmal kein Phänomen ausschließlich unserer modernen Führungswelt ist, darauf verweist die Geschichte eines frühen Protagonisten, über den das Alte Testament wie auch die Tora berichten: König David.

## Das Bathsheba-Syndrom

David war aus einfachem Hause, verfügte allerdings über außergewöhnliche Fähigkeiten, eine charismatische Ausstrahlung, eine Vision für sein Volk und nicht zuletzt einen starken moralischen Charakter. Und so stieg er auf, zum König von Israel und zu einem Mann, der, wie man sagt, alles hatte: Macht, Einfluss, Ansehen, Wohlstand, Erfolg.[192] Dieses alles war dann allerdings doch nicht genug als er Bathsheba, die Frau seines Kriegers Uriah, beim Baden beobachtete. Da Uriah auf einem Feldzug war, hieß er Bathsheba zu sich kommen und verführte sie. Da sie daraufhin schwanger wurde, versuchte David seine Taten zu vertuschen, indem er Uriah sogleich Heim rief und hoffte, dass er mit seiner Frau schlafen würde und seine eigene

Vaterschaft so unentdeckt bliebe. Uriah verweigerte sich allerdings, da er einem Ehrenkodex folgte, wonach ein Krieger solange enthaltsam leben musste, wie seine Kameraden sich noch im Kriege befanden. David machte Uriah daraufhin betrunken und hoffte, dass dieser dadurch seinen Kodex vergessen würde. Auch dem war nicht so. Und so gab David Uriah selbst schließlich einen Brief mit an Joab, Uriahs Kommandeur im Felde, in welchem der König Joab anwies, Uriah in der Schlacht in vorderster Front so einzusetzen, dass er sicher zu Tode kommen würde. So geschah es. Uriah fiel in der Schlacht und David nahm Bathsheba zu seiner achten Ehefrau. Das Kind starb bei der Geburt.

**Bathsheba und David**

*(Quelle: Wikimedia Commons)*

Die Managementforscher Dean Ludwig und Clinton Longenecker haben diese Überlieferung analysiert und Parallelen in unserer Zeit ausgemacht. Ihre These:[193] Wer heute Zeitung liest, dem begegnen moderne Davids in zunehmender Häufigkeit. Das heißt, immer wieder hören wir von Männern und Frauen, die hart gearbeitet haben, um die Erfolgsleiter erklimmen zu können, die ihrem moralischen Kompass dabei im Wesentlichen treu geblieben sind, die es dann irgendwann nach oben geschafft und nahezu alles erreicht haben – um urplötzlich auf einmal Dinge zu tun, die falsch sind, von denen sie wissen, dass sie falsch sind und bezüglich derer sie wissen, dass, wenn sie bekannt werden, sie ihren eigenen Absturz bedeuten. Aber:

Sie sind überzeugt, dass sie klug und machtvoll genug sind, um alles unter Kontrolle zu halten und nie wirklich Gefahr laufen, entdeckt und bestraft zu werden. Wichtig dabei: Solche Personen handeln nach Ansicht von Ludwig und Longenecker nicht etwa deshalb schlecht, wie häufig unterstellt, weil sie unter enormen Erfolgsdruck stehen, sondern weil sie schlicht zu viel Erfolg haben und unfähig sind, mit diesem richtig umzugehen. Sie fallen dann dem „Bathsheba-Syndrom"[194] anheim und verlieren sich in Steuerhinterziehungen und Schwarzgeldaffären, Zinsbetrügereien und Insidergeschäften, Bilanz- und Softwaremanipulationen.

## Leadership zwischen Celebrity-Status und Hybris-Gefahr

In enger Verbindung mit dem Gedanken des Bathsheba-Syndroms steht eine kleine, aber feine Debatte innerhalb der Führungsforschung, die um die verwobenen Phänomene *Celebrity Leadership*[195] und *Hubristic Leadership*[196] kreist und wichtige Erkenntnisse zur Erklärung eines Bad Leadership bereit hält. Worum geht es? Im Ersten darum, dass Führende in Politik und Wirtschaft in unserer Gesellschaft heute häufig einen Celebrity-Status erhalten, also zunehmende Aufmerksamkeit in bestimmten Medien finden, so zu hoher Bekanntheit oder gar Berühmtheit gelangen und auf diese Weise zwar nicht ganz, aber immerhin ein Stück weit zu Popstars und Hollywoodgrößen aufschließen können. Besondere Beachtung findet hierbei die sogenannte CEO-Celebrity. Dieser Ruhm fußt auf dem Mythos vom CEO als unternehmerischen Helden und kündet davon, dass der Mann (selten die Frau) an der Spitze so besonders ist und über so Besonderes verfügt, dass sein Denken und Fühlen (Stichwort: Intuition[197]), sein Entscheiden und Handeln letztlich alleine für den Erfolg (s)eines Unternehmens verantwortlich zeichnen.[198] Diese Tendenz, das komplexe Phänomen des Unternehmenserfolgs auf eine einzige Bestimmungsgröße zurückzuführen, haben James Meindl und Kollegen[199] von der Cornell University vor Jahren bereits als *Romantisierung der Führung* („The Romance of Leadership") bezeichnet – eine komplett unrealistische Sicht der Dinge, die völlig außer Acht lässt, dass Erfolge von Unternehmen durch vielfältige Faktoren beeinflusst werden, etwa strategische Weichenstellungen in der Vergangenheit, Commitment und Kompetenz der Mitarbeiter, Wachstum der Märkte, Fehler der Konkurrenz, förderliche Rahmensetzungen des Staates oder glückliche Zufälle. Als hauptverantwortlich für die Herausbildung einer CEO-Celebrity gelten dabei die Medien, die aus verschiedenen Gründen geneigt sind, kurze, einfache und gefällige Erklärungen für komplizierte Dinge zu liefern.[200] Bedeutsam für unser Thema ist bei alledem vor allem eines, dass CEO-Celebrity nämlich nicht nur von den Medien kreiert, sondern vom betreffenden CEO tatsächlich auch internalisiert werden kann – die Person also zu glauben beginnt, was die Presse an Unrealistischem über sie berichtet.

Damit kommen wir zum Zweiten – der CEO-Hybris, die als Folge einer verinnerlichten CEO-Celebrity verstanden werden kann und sich über die Zeit unter bestimmten Bedingungen entwickelt: Voraussetzung jeder Hybris ist persönliche Macht, die sich in einer exponierten Position ausdrückt (CEO, aber auch Präsident oder Premierminister). Das heißt auch: Dort wo keine Macht, da in der Regel auch keine Hybris-Gefahr. Hinzukommen muss dann ein herausragender Erfolg, der idealerweise positions- und organisationsübergreifend bestätigt werden kann (d.h. Erfolge in unterschiedlichen Unternehmen oder auch politischen Ämtern). Damit sind die Voraussetzungen erfüllt für die mediale Schaffung des Celebrity-Status, der den Führenden gegenüber den Anspruchsgruppen oder Bürgern romantisierend wahlweise als Lichtgestalt, Charismatiker, Heroen, Retter oder Auserwählten verklärt, dem der Erfolg wohl bereits in die Wiege gelegt wurde. Auf diesem Nährboden kann dann leicht eine CEO-Hybris entstehen und gedeihen, deren Wesen Valérie Petit und Helen Bollaert übersichtlich wie folgt dargelegt haben (Abbildung 12):

| Kontext | Fokus | Wahrnehmung | Verhalten |
|---|---|---|---|
| **Macht** | **Selbst - bezug** | Grandioses Selbstbild | Von Grandiosität geprägter Kommunikationsstil (Superlative, Ambitionen, ...) |
| | | Überschätzung der eigenen Fähigkeiten, Macht, Erfolgsaussichten | - größenwahnsinnige Projekte<br>- falsche Entscheidungen |
| | | Erachtet sich als einzigartig und grenzenlos führungsbefähigt | Abwehrstrategien (Machtakkumulation, viel zu später Verzicht auf Ämter bei Scheitern) |
| | **Bezug zu den anderen** | Erachtet sich als über der Gemeinschaft stehend | - Führen durch Angst, Gewalt, Einschüchterung<br>- Zurückweisung von Rat/ Kritik |
| | **Bezug zur Welt** | Erachtet sich als über dem Gesetz und den Göttern stehend | - Betrug<br>- Manipulation<br>- Missachtung von Autoritäten |

Abbildung 12: CEO-Hybris – ein Bezugsrahmen[201]

Dieser Bezugsrahmen macht deutlich, dass, obgleich Hybris und Narzissmus sicher nicht dasselbe sind, zumindest doch eine gewisse Nähe zwischen beiden Prägungen besteht, weshalb narzisstische Personen auch leichter einer Hybris anheimfallen.[202] Wir wollen die Entstehung des Phänomens hier allerdings weniger durch die Persönlichkeit des Einzelnen erklären, sondern durch den skizzierten Entwicklungsprozess, der über verschiedene Stufen verläuft, mehrere Akteure umfasst und letztlich eben auch nicht-narzisstische Persönlichkeiten in eine Vermessenheit entführen kann.[203] Der Bezugsrahmen (siehe Abbildung 12) erweist sich des Weiteren aber auch als gut anschlussfähig an das „Bathsheba-Syndrom", insbesondere was die Überzeugung des Führenden betrifft, persönlich über Moral und Gesetz zu stehen und den Autoritäten, die für die Einhaltung dieser Regeln stehen, mit Verachtung begegnen zu können. Was die Einstellung zu anderen betrifft, so sind Bezüge zwischen Hybris und feindseliger Führung (Abusive Supervision; siehe Kapitel 1) unverkennbar. Betrachten wir schließlich den Prozess der Unternehmensführung insgesamt, so verweist eine CEO-Hybris gleich in doppelter Hinsicht auf ein Bad Leadership:

- *Gefährdung des Unternehmenserfolgs*: CEO-Hybris beinhaltet die Tendenz, stets jene Verhaltensweisen zu wiederholen, die in der Vergangenheit Erfolge bescherten und den Celebrity-Status begründeten. Angesichts volatiler Rahmenbedingungen kann ein immer gleiches Verhaltensmuster allerdings schnell falsch und fatal werden. Dazu kommt, dass derartige CEOs aufgrund ihrer persönlichen Vermessenheit eher zu schnellen und sehr intuitiven Entscheidungen neigen, hier also wenig sachliche Analyse miteinfließt und auch kaum in Alternativen gedacht wird.[204] CEO-Hybris steht somit für eine gewisse strategische Unbeweglichkeit[205] sowie für eine Intuition ohne Analyse[206], die häufig mit überteuerten Akquisitionen, riskanten Produktentwicklungen oder auch unverhältnismäßig kostenintensiven Eintritten in neue Märkte in Verbindung gebracht wird[207] und dem Erfolg eines Unternehmens natürlich abträglich sein kann.
- *Gefährdung der Unternehmensethik*: CEO-Hybris verweist zudem aber auch auf ein nur gering ausgeprägtes moralisches Bewusstsein des Führenden[208], was grundsätzlich dazu führt, dass die entsprechenden Unternehmen nur wenig Engagement im Rahmen ihrer gesellschaftlichen Verantwortung (Corporate Social Responsibility) zeigen, dafür umso deutlicher zu gesellschaftlich unverantwortlichen Aktivitäten (Corporate Social Irresponsibility) neigen[209], wie beispielsweise zu Bilanz- und Steuermanipulation.[210]

Obgleich die genaue Messung bzw. (Fern-)Diagnose einer Hybris von manchen eher kritisch bedacht wird[211], finden sich gleichwohl einige Studien, die eben dies beinhalten. Zu nennen ist hier beispielsweise das Buch „Ego Check" von Mathew Hayward[212], das einer Zahl von illustren Führungspersönlichkeiten eine zeitweise Hybris-Infektion mit negativen Auswirkungen auf die Person wie auf die Organisation attestiert, als da wären: Warren Buffett und Berkshire Hathaway, Jack Welch und General Electric, Steve Jobs und Apple, Carly Fiorina und Hewlett Packard, John Marie Messier und Vivendi, sowie weitere mehr. Kaum weniger deutlich äußert sich eine Studie von David Owen und Jonathan Davidson[213] aus dem Jahre 2009, die alle US-Präsidenten und britischen Premierminister der letzten 100 Jahre auf ein Hybris-Syndrom hin analysierten und dabei fündig wurden. Aus der jüngeren Vergangenheit sind hier zu nennen (potenziell) Richard Nixon und (definitiv) George W. Bush für die USA sowie (definitiv) Margret Thatcher und Tony Blair für Großbritannien. Zu beachten dabei: Es werden in aller Regel nur bestimmte Zeiträume einer Hybris ausgemacht, was seinerseits nochmals darauf hinweist, dass (phasenweise) Hybris tatsächlich nicht identisch ist mit (permanentem) Narzissmus.

Zwischenfazit: Hybris ist ein Phänomen, das im Kopf des Führenden entsteht und auf ein Bad Leadership verweist, das durchaus zu Ungunsten aller Beteiligten ausfallen kann (Stichworte: geringerer Unternehmenserfolg, abnehmende Unternehmensethik, gefährdete Führungskarriere). Dies dürfte bei einem anderen Phänomen, das ebenfalls im Kopf der Führenden entstehen kann, etwas anders sein. Denn dieses (CEO-)Phänomen geht zwar zumeist zu Lasten der Stakeholder, wirkt sich in aller Regel jedoch zu Gunsten der Shareholder aus. Wir sprechen von: entfachter Gier – und fangen dazu scheinbar ganz woanders an.

## Der Plan des alten Mannes und die Unpünktlichkeit der Eltern

Ein alter Mann wurde jeden Tag im Garten vor seinem Haus von einer Horde halbwüchsiger Schulkinder, die auf ihrem Heimweg dort vorbeikamen, aufs übelste beschimpft: Er sei alt, hässlich, und hätte auch nur noch lächerlich wenige Haare auf dem Kopf. Die Kinder hatten Spaß, dem alten Mann hingegen verging er schnell. Und so fasste er einen kühnen Plan. Am nächsten Tag rief er die fröhlich beleidigenden Kinder zu sich und versprach, jedem am nächsten Tag einen Dollar zu geben – als Belohnung dafür, dass sie ihn kräftig beschimpften. Das Glück der Kinder war unermesslich und natürlich mühten sie sich am nächsten Tag nach Kräften, besonders beleidigende Worte zu finden. Zur Belohnung gab ihnen der alte Mann den versprochenen Dollar und sagte: „Kommt morgen wieder, dann bekommt ihr wieder Geld, aber nur 50 Cent“. Den Beleidigungen am nächsten Tag tat dies keinen Abbruch, allerdings trübte sich der Blick der Kinder, als der alte

Mann bei der Auszahlung der Belohnung nur noch 10 Cent für den Folgetag in Aussicht stellte. Auch an diesem wurde zwar gepöbelt, aber nur noch kurz und wenig inspiriert. Als sie dann ihre 10 Cent erhielten sagte der alte Mann: „Bitte kommt morgen wieder, obwohl ich Euch dann nur noch einen Cent bezahlen kann". Ungläubig schauten die Kinder sich an und sagten entrüstet: „Vergiss es, Alter!" Sie kamen nie wieder. Eine fiktive Geschichte von Alfie Kohn[214] aus dessen Buch mit dem vielsagenden Titel: „Punished by Rewards" – Bestrafung durch Belohnung.

Eine andere Geschichte geht so: Die Leitung eines Kinderhorts musste feststellen, dass die Pünktlichkeit der Eltern beim Abholen ihrer Kinder zunehmend zu wünschen übrig ließ mit der Folge, dass die Erzieherinnen abends immer öfter nicht pünktlich nach Hause konnten, sondern auf unpünktliche Eltern warten mussten. Zwar entschuldigten sich diese stets unterwürfig für ihr Zuspätkommen und brachten mitunter auch Pralinen als kleine Wiedergutmachung mit. Dennoch: Die Hortleitung entschloss sich Strafzahlungen zu verhängen, je nachdem, wie groß die Verspätung war. Maximum: 100 Euro bei mehr als 45 Minuten. Was geschah? Die Eltern kamen nicht pünktlicher, sondern eher noch später. Und vor allem: Sie entschuldigten sich kaum mehr für ihr Zuspätkommen, sondern bezahlten einfach den fälligen Betrag. Und Pralinen gab es gar keine mehr. Diese Geschichte entspricht einer wahren Begebenheit[215], die aus Gründen der Anschaulichkeit allerdings ein wenig ausgeschmückt wurde (z. B. Pralinen). Was können uns diese Geschichten lehren?

Die Fälle sind gut geeignet, zwei unterschiedliche Motivationsarten und ihre Beziehung zueinander kennenzulernen, nämlich die *intrinsische Motivation* und die *extrinsische Motivation*. In beiden Fällen waren die Probanden (die Kinder, die Eltern) zunächst stark intrinsisch motiviert, sprich: die Kinder hatten einfach nur Spaß und die Eltern verspürten Verantwortung gegenüber den Erzieherinnen – und Schuldgefühle, wenn sie diese warten ließen (deshalb die Pralinen). Die intrinsische Motivation verweist damit auf eine Motivation, die „von innen" kommt – und gut insofern ist, weil sie auf Spaß, Verantwortung, Sinn, Lernerfahrung u. ä. gründet. (Merke: Die Taten der Kinder waren nicht gut, ihre Motivation hingegen schon – Spaß an der Freude!). Spannend werden die beiden Fälle in dem Moment, in dem Geld ins Spiel kommt, als Anreiz (monetäre Belohnung für Beschimpfungen) oder als Abreiz (monetäre Bestrafung für Zuspätkommen). Das Beispiel der Kinder zeigt hier: Wenn eine extrinsische Motivierung erfolgt, wird die intrinsische Motivation verdrängt: Aus dem Pöbeln aus Spaß wird Pöbeln gegen Bezahlung. Erkennbar des Weiteren: Gibt es keine Bezahlung mehr, dann wird auch nicht mehr gepöbelt. Das „Vergiss es!" der Kinder bedeutet demnach auch, dass die intrinsische Motivation nicht mehr wiederkehrt, sondern regelrecht zerstört wurde. Im Allgemeinen gilt entsprechend: Wird jemand, der intrinsisch motiviert ist, zusätzlich auch extrinsisch motiviert, dann wird die intrinsische Motivation verdrängt bzw. korrumpiert. Die Psychologie spricht folglich auch von einem *Verdrängungseffekt* bzw. *Korrumpierungseffekt.*[216] Wird dann auf extrinsische Motivierung verzichtet, dann bleibt: Null-Motivation. Genau das zu erzeugen war der Plan des alten Mannes. Mit Blick auf den Kinderhort zeigt sich dasselbe, nur in anderer Ausprägung: Aus der moralischen Verantwortung gegenüber den Erzieherinnen und deren Feierabend ist durch die extrinsischen Abreize eine ökonomische Transaktion geworden: Ich komme, wann es mir passt, zahle den dafür fälligen Preis – und schulde Dir nichts!

## Die Korrumpierung der Unternehmensführung

Im Jahre 1976 veröffentlichten die Ökonomen Michael Jensen und William Meckling[217] einen Artikel im *Journal of Financial Economics*, der sicher zu den meist zitierten Aufsätzen innerhalb der Wirtschaftswissenschaften zu zählen ist, der vor allem jedoch dadurch heraussticht, dass kaum ein anderer Beitrag mit vergleichbaren Auswirkungen auf die Praxis aufwarten kann. Keymessage des Beitrags: Die Unternehmensführung der Nachkriegszeit ist stark von prosozialen Prinzipien geprägt, wofür das oberste Management verantwortlich zeichnet und was dazu führt, dass der Aktienwert von Unternehmen suboptimal bleibt.[XI] Dies bedeutet, dass das Management sich wie ein Parasit verhält, der dem Wirt – dem Aktionär – dauerhaft schadet, indem er ihn um Teile seines Vermögens und Wohlstandes betrügt.[218] Dem zu begegnen schrieben sich Jensen und Meckling auf die Fahnen. Da Aktionäre ihre Unternehmen nun leider nicht selbst führen können, sondern notgedrungen ein Management hiermit beauftragen müssen, diagnostizierten sie eine Spannung in den Interessenlagen des Prinzipals (Aktionär) und dessen Agenten (Management). Diese Spannung galt es zu überwinden, sprich: die Interessen des Managements sollten weitestmöglich an den Interessen der Kapitalgeber ausgerichtet werden. Königsweg dazu: eine Anreizstruktur, die die Vergütung des Managements an die Entwicklung des Aktienwertes koppelt. Gewählte Methode: Pay for Performance, also eine weitestmögliche Ablösung der Fixlöhne durch variable Leistungslöhne. Ansprache an das Management dabei – frei nach Fabrikant Haffenloher in „Kir Royal“: „Isch scheiß disch sowas von zu mit meinem Geld!“ Folgewirkung im Kopf von vielen „Verantwortlichen“ – getreu Barack Obama, 2009, im Nachgang der

[XI] Einfach gesprochen: Ein Unternehmen zahlt gute Löhne, investiert freiwillig in Umweltschutz, verzichtet auf mögliche Übervorteilungen von Kunden, realisiert deshalb weniger Gewinn als eigentlich möglich wäre, wodurch dann auch der Aktienkurs hinter dem Wert zurückbleibt, den er bei radikaler Realisierung aller Gewinnchancen haben könnte.

Bankenkrise und vor versammelter Wall Street-Managerriege: „Greed over responsibility“[219] – Gier verdrängt die Verantwortung für alles andere!

Nochmals: Was genau wurde da angerichtet in den Köpfen von Führenden? Im Grunde nicht schwer zu erklären: Der lange Zeit vorherrschenden „prosozialen“ bzw. gesellschaftlich verantwortungsbewussten Unternehmensführung (siehe Kapitel 3) wurde effektiv der Zahn gezogen, indem die wesentliche Grundlage all dessen, die intrinsische Motivation der Führenden (v.a. deren gesellschaftliches Verantwortungsbewusstsein), systematisch verdrängt und korrumpiert wurde. An dessen Stelle ist eine extrinsische Anreizstruktur getreten, die das Streben nach einer maximalen Vergütung für jeden selbst befeuert – nicht zuletzt natürlich auch dadurch, dass die mögliche Einkommenshöhe immer weiter nach oben und in schier unglaubliche Dimensionen verschoben wurde. Und so fügt es sich denn auch, dass die Vorstandsvergütungen innerhalb weniger Jahrzehnte aus dem guten Hunderttausender-(D-Mark-)Bereich per anno in den gehobenen Millionen-Euro-Bereich p.a. gehievt wurden – und „Spitzenleute“ der Finanzwirtschaft immer öfter auch die eine Milliarde-USD pro Jahr-Grenze knacken.

Die sich derart vollziehende pekuniäre Korrumpierung von Unternehmensführenden bleibt selbstredend nicht ohne erkennbare Folgewirkung – nämlich: eine grundlegend andersartige Unternehmensführung. Diese äußert sich im raschen Übergang vom „prosozialen“ Stakeholder Value Management hin zum kapitalmarktorientierten Shareholder Value Management, im zunehmenden Verlust an Corporate Social Responsibility (CSR) und im massiven Anstieg an Corporate Social Irresponsibility (CSI), in der Ausbreitung einer „Profit at all costs“-Philosophie in den managergeführten Aktiengesellschaften, die nicht länger nur die Erzielung „sauberer“ Gewinne intendiert, sondern auch die Erwirtschaftung „schmutziger Gewinne“[XII] akzeptiert, sowie schließlich auch im überaus fatalen Trend weg von einer strategisch-langfristigen Gewinnoptimierung hin zur kurzfristigen Gewinnmaximierung in Stile der Quartalszahlen (siehe auch Kapitel 3).

Fast schon mit Händen greifbar wird dieser Prozess, wenn man verantwortliche Manager der Vergangenheit über das verantwortungslose Management der Gegenwart sprechen hört. So schreibt beispielsweise der vormalige Vorstandsvorsitzende der Daimler Benz AG, Edzard Reuter, in seinem Buch „Stunde der Heuchler“: „Die Zeiten haben sich tatsächlich grundlegend gewandelt: Mögen uns die Erfahrungen nicht nur einer langen Menschheitsgeschichte, sondern auch der – bis heute keineswegs überwun-

---

[XII] Der Begriff lehnt sich an an einen Bericht in Spiegel Online (2015) über „Apples schmutzige Milliarden“, also Milliardengewinne, die mit ethisch fragwürdigen Methoden erwirtschaftet wurden, insbesondere einer ausbeuterischen Produktion, dreisten Steuertricks, einem fragwürdigen Datenschutz sowie Aktienkurskosmetik.

denen – weltweiten Finanz- und Wirtschaftskrise noch so furchterregend deutlich vor Augen stehen, die Gier nach jenem schnellen Geld ist offenbar zu einer Geißel geworden, der sich niemand mehr entziehen kann. Jedenfalls scheint das so, und der Geist der Heuchelei versucht uns jeden Tag neu nicht nur deutlich zu machen, dass Gegenwehr zwecklos ist, sondern weit mehr als das, dass ungezügelte persönliche Gier in Wahrheit dem Wohl der Allgemeinheit dient."[220] Zur ganzen Wahrheit gehört hier allerdings auch, was die Soziologen Mark Mizruchi und Linroy Marshall[221] in einer historischen Untersuchung über den Wandel von CEOs im Zeitraum von 1890 bis 2015 festgestellt haben. Erstens: Unternehmensführer zeigten früher tatsächlich deutlich mehr gesellschaftliches Verantwortungsbewusstsein. So plädierten beispielsweise im Jahre 1975 bemerkenswerte 85% der CEOs dafür, Umweltschutz auch dann zu betreiben, wenn dies zu Lasten der Unternehmensgewinne gehe.[222] Heute erscheint Umweltschutz nur noch dann möglich, wenn es sich dabei um einen (gewinnsteigernden) Erfolgsfaktor handelt. Zweitens: Unternehmensführer handeln heute stark Shareholder Value orientiert, werden dafür mit immensen Einkommenszuwächsen abgegolten und steigen so häufig auf in die moderne Plutokratie, das reichste 1 Prozent unserer Gesellschaften. Drittens ist aber auch zu sehen: Der Druck zum Shareholder Value ist ebenfalls immens gewachsen. Mächtige Finanzmarktakteure beobachten die Unternehmensführung heute genau, und wer nicht liefert, was erwartet wird, der dürfte kaum lange in seiner Position verweilen. Soll heißen: Führende müssen nicht immer unbedingt „schlechte Äpfel" sein oder werden; sie können auch absolut „gute Äpfel" sein – doch was hilft's, wenn sie in „schlechten Fässern" lagern. Zu diesem Bild nun mehr.

# Kapitel 6
# Von den Bad Apples zu den Bad Barrels – oder: Wie die Situation die Führung schlecht werden lässt

*„Bei dem Versuch, die Ursachen des Verhaltens ihrer Mitmenschen zu verstehen, tendieren die meisten Menschen dazu, die (...) Bedeutung situativer Einflüsse zu unterschätzen.“*

Philip Zimbardo, Sozialpsychologe[223]

Im Mittelpunkt der bisherigen Erklärungen des Bad Leaderships stand die Person des Führenden, deren Führung dann schlecht ausfallen wird, wenn die Person entweder schlecht *ist* (Kapitel 4) oder schlecht *geworden* ist (Kapitel 5). Im Kern ist dies jene Sichtweise, die häufig mit dem Bild der „Bad Apples“ bzw. der „Schwarzen Schafe“ veranschaulicht wird. Werden wir im Kontext der Führung mit aggressiv-feindseligen oder ungerechten Verhaltensweisen konfrontiert, so gehen wir fast schon reflexartig davon aus: eine schlechte Person, ein schlechter Charakter, womöglich sogar ein bösartiges Wesen steckt hinter alledem. Die Verhaltenswissenschaften lehren uns allerdings, dass jedes Verhalten nicht nur von der Person, sondern ebenso von der Situation, in der sich eine Person befindet, bestimmt sein kann.[XIII] Dies manchmal vielleicht nur ein wenig, ein andermal vielleicht im Verhältnis 50 zu 50 – und theoretisch vielleicht auch einmal komplett zu 100 Prozent! Dieser Gedanke widerspiegelt die Abkehr von einem rein *dispositionellen* Erklärungsansatz und die Hinwendung zu einem *situativen* Erklärungsansatz, demzufolge es immer auch – und in der Regel weit mehr als wir vermuten – die äußeren Umstände sind, die unser (Führungs-)Verhalten bestimmen.[224] In der einschlägigen Debatte wird in diesem Zusammenhang gerne das Bild der „Bad Barrels“ verwendet – der *schlechten Fässer*, die jeden Apfel, egal welcher Qualität, eher früher als später faulig und schlecht werden lassen. Wenn Sie ihn noch nicht gesehen haben, schauen Sie bei Gelegenheit den Film „Das Experiment“ aus dem Jahre 2001 mit Moritz Bleibtreu in der Hauptrolle. Spätestens dann wissen Sie, wovon hier die Rede ist. Der Film ist angelehnt an eines der berühmtesten Experimente der Sozialpsychologie, das Stanford Prison Experiment. Allerdings: Gegen

---

XIII Vermutlich haben Sie selbst schon einmal gesagt: *„In der Situation habe ich mich so bescheuert verhalten!“* – was ja bedeutet, dass die *Situation* ursächlich für ein Verhalten Ihrerseits war, von dem sich als *Person* eigentlich distanzieren.

die aus dieser Anlehnung abgeleitete Behauptung im Untertitel des Films, dieser beruhe auf „einer wahren Begebenheit", haben die Initiatoren des echten Experiments erfolgreich geklagt.[225] Denn ganz so blutig und verantwortungslos seitens der Wissenschaftler ging es in der Realität dann doch nicht zu. Christina Maslach sei Dank!

*(Quelle: Entnommen www.kino.tv)*

## Das berühmte Gefängnis in der Stanford University

Das Stanford Prison Experiment (SPE)[226] wurde im Jahre 1971 auf Initiative und unter Leitung von Philip Zimbardo, einem Sozialpsychologen der Stanford University, durchgeführt. Ziel des Experimentes war es, die Situation in einem Gefängnis möglichst realistisch zu simulieren und auf diese Weise die *„Psychologie des Gefangenseins"* genauer zu studieren. Hierzu wurden die Kellerräume eines Universitätsgebäudes in der Weise umgebaut, dass drei vergitterte Zellen für die Gefangenen, Überwachungsräume für die Wärter sowie auch ein neun Meter langer Korridor für Inspektionen geschaffen wurden. Die Teilnehmer des Experiments wurden vermittels einer Zeitungsannonce rekrutiert, in der es hieß: „Männliche Studenten gesucht für psychologische Untersuchung des Gefängnislebens. $ 15 pro Tag für 1–2 Wochen vom 14.

Aug. an." Von den über 70 Bewerbern wählte Zimbardo die reifsten aus und teilte sie per Losentscheid in zwei Gruppen auf, nämlich elf Gefangene und zehn Wärter. Die Wärter wurden in kakifarbene Uniformen eingekleidet und mit einer Trillerpfeife, einem Gummiknüppel und einer reflektierenden Sonnenbrille ausgestattet. Die Gefangenen, die gleich zu Beginn von der „Campus-Polizei" in ihren Wohnungen und unter lautem Sirenengeheul „verhaftet" wurden, erhielten nach ihrer Einlieferung sofort Gefängniskleider: weiße Schürzen mit Nummern vorne und hinten, unter denen sie keine Unterwäsche tragen durften, Plastiksandalen und einen Nylonstrumpf als Kopfbedeckung.

Am ersten Tag ihrer „Haft" wurden ihnen siebzehn Regeln vorgelesen (z.B. absolutes Schweigen während der Ruhezeiten sowie außerhalb der Zellen; Reinigung der Zellen; Vorstellung der eigenen Person mit der zugeteilten Nummer; Anrede der Wärter mit „Mr. Correctionel Officer"; Toilettenbesuche von maximal fünf Minuten; Befolgung der Befehle der Wärter; Haltung annehmen gegenüber den Wärtern), wobei die Nichtbefolgung dieser Regeln bestraft werden konnte (Regel Nr. 17). Einige ausgewählte Vorkommnisse und Entwicklungen des bis zu seinem vorzeitigen Abbruch lediglich sechstägigen Experiments lassen sich stichwortartig wie folgt zusammenfassen:

- Die anfänglich lediglich zehnminütigen Zählappelle, während derer die Gefangenen ihre Nummer sowie die vorgegebenen Regeln des Gefängnislebens aufsagen mussten, wurden immer häufiger, zudem auch nachts durchgeführt und dauerten zum Ende hin mitunter mehrere Stunden.
- Eine Revolte der Gefangenen bereits am zweiten Tag des Experimentes wurde von den Wärtern niedergeschlagen. Die Rädelsführer dieser Revolte wurden zur Strafe in einem dunklen Kasten im Korridor eingeschlossen. Jenen Gefangenen, die sich nicht an der Revolte beteiligten, wurde eine Vorzugsbehandlung (bessere Zelle, besseres Essen) zuteil. Später wurden die revoltierenden und nicht-revoltierenden Gefangenen in Zellen zusammengelegt, wodurch das Misstrauen unter den Gefangenen stieg.
- Die Wärter erließen fortgesetzt und willkürlich neue Regeln, die zunächst absurd und sinnlos (z.B. Kisten hin und her tragen), später dann zunehmend menschenverachtend wurden (z.B. Reinigung der Toiletten mit bloßen Händen, Verhöhnung von Mitgefangenen, Nachstellen sexueller Handlungen unter den Gefangenen).
- Die Wärter mussten immer häufiger darauf hingewiesen werden, dass die Anwendung körperlicher Gewalt verboten war.
- Mehrere Gefangene zeigten Symptome extremer Depression, der erste bereits nach weniger als 36 Stunden.
- Externe Personen (v.a. die Eltern der Gefangenen sowie ein hinzugezogener Priester und Anwalt) akzeptierten die Simulation des Gefängnisses unaufgefordert als Realität und beratschlagten die „Gefangenen" wider besseres Wissen so, als wären sie tatsächlich Gefangene.

- Zimbardo selbst verlor als Versuchsleiter zunehmend die wissenschaftliche Distanz zum Experiment und wähnte sich selbst immer mehr als „Gefängnisdirektor".

Als Zimbardos damalige Freundin und spätere Frau, Christina Maslach, selbst angehende Psychologieprofessorin, am Abend des fünften Tages zu Besuch kam, sah sie, wie gerade Wärter aneinander gekettete Gefangene anschrien und ihnen Papiersäcke über die Köpfe steckten. Daraufhin kam es zu einem heftigen Streit zwischen beiden über die moralische Vertretbarkeit des Experimentes – mit dem Ergebnis, dass Zimbardo das Experiment am Morgen des sechsten Tages abbrach. Vielleicht auch deshalb widmete Zimbardo seine gesamthafte Aufarbeitung des SPE[227] „der strahlenden Heldin meines Lebens, Christina Maslach Zimbardo".

Welche Erkenntnisse können wir nun aus diesem berühmt-berüchtigten Experiment ziehen? Wir denken, dass das SPE mit Blick auf das menschliche Verhalten insbesondere zweierlei deutlich herausstellt, was nach Zimbardo als die *„Macht der Situation"* und als *„Luzifer-Effekt"* bezeichnet werden kann:

Die These von der *„Macht der Situation"* bezieht sich unmittelbar auf die bereits indirekt angesprochene verhaltenswissenschaftliche Formel:

$$V = f(P, S)$$ [228]

und besagt diesbezüglich, dass menschliches Verhalten (V) kaum je ausschließlich durch die Eigenschaften der Person (P) erklärt werden kann, sondern immer auch situative Kräfte (S) mit zu bedenken sind. Die „Macht der Situation" kann dabei im Grenzfall so groß sein, dass Verhaltensweisen kaum mehr dispositionell, sondern fast nur noch situativ erklärbar sind. Dies wäre dann ein Triumpf der „Macht der Situation" gegenüber der „Macht des Individuums"[229], der in letzter Konsequenz auf eine Verkürzung der Verhaltensformel im Sinne eines V = (S) hinausliefe. Eben diese These stützt das SPE insofern, als es eine Situation beschreibt, die so mächtig war, dass aus den vormals mehr oder minder normalen und gleichartigen Verhaltensweisen der Studenten innerhalb kürzester Zeit zwei völlig verschiedenartige Verhaltensmuster entstanden – das von „sadistischen Wärtern" auf der einen und das von „gebrochenen Gefangenen" auf der anderen Seite. Hierauf stellt Zimbardo ausdrücklich ab, wenn er für das SPE resümiert: „Am Anfang des Experiments gab es keine Unterschiede zwischen den beiden Gruppen; kaum eine Woche später gab es keine Ähnlichkeiten zwischen ihnen."[230]

Der *„Luzifer-Effekt"* spezifiziert die „Macht der Situation" insofern, als er besagt, dass Situationen allzu häufig einen *transformativen Prozess* bewirken, in dessen Verlauf gute bzw. normale Menschen veranlasst werden, schlechte oder böse Dinge wider besseres Wissen zu tun.[231] Situationsgestaltungen haben so gesehen eher die Tendenz *gute* Menschen zu *schlechten* Verhaltensweisen zu verführen, als dass Situationen *schlechte* Menschen zu *guten* Verhaltensweisen veranlassen. Der „Luzifer-Effekt" verweist damit zuletzt auch auf den Prozess einer situationsbegründeten *„Entmenschlichung"*, in dessen Verlauf Menschen andere (häufig: andersartige) Menschen als weniger wertvoll oder zuweilen geradezu als Feinde (v)erachten, die es verdient haben, gequält, gefoltert oder vernichtet zu werden.[232] Beispiele für den „Luzifer-Effekt" lassen sich nach Zimbardo zahlreich finden und reichen vom SPE und vergleichbaren, aber eben sehr realen Vorkommnissen wie zum Beispiel im irakischen Gefangenenlager Abu Ghraib[233] bis hin zu all jenen ungezählten und unbegreiflichen Gräueltaten im „Zeitalter des Massenmordes".[234]

Vor dem Hintergrund dieser allgemeinen Erkenntnisse wollen wir der Frage nachgehen, ob die „Macht der Situation" und vor allem auch der „Luzifer-Effekt" nicht auch in unseren heutigen Organisationen von Bedeutung sein können. Oder als Frage formuliert: Gibt es „toxische Auswirkungen böser Systeme und böser Situationen"[235] auf die Führenden in modernen Organisationen? Die Antwort kann hier eigentlich nur lauten: Ja! Wichtige Belege hierfür finden sich bereits im vorangegangenen Kapitel, das ja verdeutlichen sollte, dass Bad Leadership nicht nur auf Führende verweist, die *schlecht sind* („dunkle Triade"), sondern auch auf Führende, die aufgrund *bestimmter Gegebenheiten* in ihrer Führungsrolle *schlecht werden*. So haben wir gesehen, dass (a) die Entstehung einer persönlichen Hybris erkennbar von organisationsexternen Umständen gefördert wird, insbesondere einer romantisierenden Berichterstattung in den Medien, und (b) die Entwicklung von materieller Gier organisationsintern massiv durch die Ausgestaltung korrumpierender Anreizsysteme befeuert wird. Eine anhaltende Romantisierung von Führung wie auch ein zunehmender Einsatz leistungsorientierter Vergütungssysteme können und sollten von daher als *Bad Barrels* verstanden werden, die nicht im Sinne einer guten Führung wirken, sondern vielmehr schlechte Führung hervorrufen. Ergänzend hierzu wollen wir im Folgenden zwei weitere Diskussionen aufgreifen, die das Bad Leadership-Phänomen ebenfalls auf mächtige Situationsgestaltungen zurückführen, und die dabei auch noch ineinander verwoben zu sein scheinen – nämlich (organisationsintern) die Problematik einer übersteigerten Zielsetzung und (organisationsextern) den Prozess der Finanzialisierung der Wirtschaft.

## Wie Zielsetzungen die Führung verschlechtern können

Das Führen mit Zielsetzungen (Management by Objectives) ist ein Klassiker der Führungstheorie und kam bei einem Ranking der praktisch einflussreichsten Managementansätze auf den ersten Platz.[236] Dazu passt, dass bis zum Jahre 2003 rund 1.000 Studien durchgeführt wurden, die dem Management by Objectives im Wesentlichen nur positive Wirkungen attestierten, und zwar insbesondere in Bezug auf die bedeutsamen Erfolgsgrößen Motivation und Leistung.[237] Vor allem hohe, herausfordernde und konkretisierte Ziele sollen demnach zu einer deutlich höheren Performance führen als keine Ziele oder nur vage formulierte („Do your best"-)Ziele.[238] Angesichts dieses vermeintlich eindeutigen und zunächst auch unstrittigen Erkenntnisstandes war es im Jahre 2004 fast schon ein Sakrileg, als das Forschertrio Maurice Schweitzer, Lisa Ordóñez und Bambi Douma[239] sich in einer empirischen Untersuchung möglichen negativen Folgewirkungen von Zielsetzungen zuwandte und dabei auch fündig wurde. Der Befund lautete: Mitarbeiter mit hoch gesteckten Zielen, die sie absehbar allerdings nicht erreicht werden, neigen weit häufiger zu unethischen Verhaltensweisen (z.B. Lüge, Betrug) als Mitarbeiter, die lediglich „Do your best"-Ziele verfolgen. Nach diesem „Tabubruch" wuchs dann schnell auch die Zahl der Arbeiten, die gewissermaßen in die gleiche Kerbe schlugen. So zeigte beispielsweise Adam Barsky[240] auf, dass (a) eine starke Fokussierung auf Leistungsziele negativ auf das moralische Bewusstsein des Einzelnen wirkt (z.B. hinsichtlich der Negativfolgen des eigenen Handelns auf andere) bzw. dass (b) Zielvorgaben häufig zur „Rationalisierung" von erkanntermaßen moralisch falschen Handlungsweisen herangezogen werden (Motto: „Es ist alles zum Besten der Organisation!"). Ihre Bedenken gegenüber überambitionierten Zielsetzungen fassten Ordóñez und andere[241] schließlich auch prägnant in einem Warnschild zusammen (Abbildung 13) – was ihnen von Seiten der Zielsetzungs-Protagonisten im Übrigen nicht weniger als den Vorwurf einbrachte, sich von einer seriösen Wissenschaft verabschiedet zu haben.[242]

**! Warnung**

Zielvorgaben können aufgrund eingeengter Sichtweisen, übersteigerter Risikobereitschaft, unethischer Verhaltensweisen, verminderter Lernfähigkeit, abnehmender Kooperationsbereitschaft und abnehmender intrinsischer Motivation schwerwiegende Probleme in Organisationen verursachen.

Zielvorgaben bitte nur mit gebotener Vorsicht verwenden.

Abbildung 13: Ein Warnhinweis für Zielsetzungen[243]

David Welsh und Lisa Ordóñez[244] diagnostizieren eingedenk dessen zuletzt dann auch ausdrücklich eine *„dunkle Seite der Zielsetzung"*, hinsichtlich derer sie ausführen: Wenn Organisationen ihren Mitgliedern fortwährend aggressive

Leistungsziele setzen und dabei auch noch vermitteln, dass es im Grunde weniger wichtiger ist, *wie* die Ziele erreicht werden, sondern *dass* sie erreicht werden, dann schaffen sie damit Bedingungen, die bei den Mitgliedern tendenziell zweierlei bewirken: einerseits eine zunehmende Überforderung, Selbstausbeutung und Auszehrung, andererseits die andauernde Versuchung, zu lügen, zu betrügen oder sich sonst wie in unmoralischer Weise zu verhalten.[245]

In der Folge dieser allgemeinen Kritik an einer übersteigerten, letztlich auf unaufhörliche Leistungssteigerung ausgerichteten Zielsetzungs-Politik in Organisationen wird häufiger auch der Versuch unternommen, das Bad Leadership-Phänomen – jenseits der gewohnten Bad Apple-Theorie – zuvorderst anhand der Bad Barrel-Theorie zu erklären. Einen einfachen, aber überzeugenden Ansatz hierfür liefern die Managementforscher Mary Bardes und Ronald Piccolo[246], die destruktives Führungsverhalten *stressbedingt* erklären und diesen Stress an schlechte organisationale Settings rückbinden. Der Gedanke vollzieht sich dabei in folgenden Schritten (siehe Abbildung 14):

- Erstens: Der Grad der Schwierigkeit, den Führende bei der Erreichung vorgegebener Zielsetzungen wahrnehmen, korreliert positiv mit dem Grad an Stress, den Führende empfinden.
- Zweitens: Der Grad, in welchem die Vergütung des Führenden leistungsorientiert erfolgt, korreliert positiv mit dem Grad an Stress, den Führende empfinden.
- Drittens: Der Grad, in welchem Führende Stress empfinden, korreliert positiv mit dem Grad eines destruktiven Führungsverhaltens.

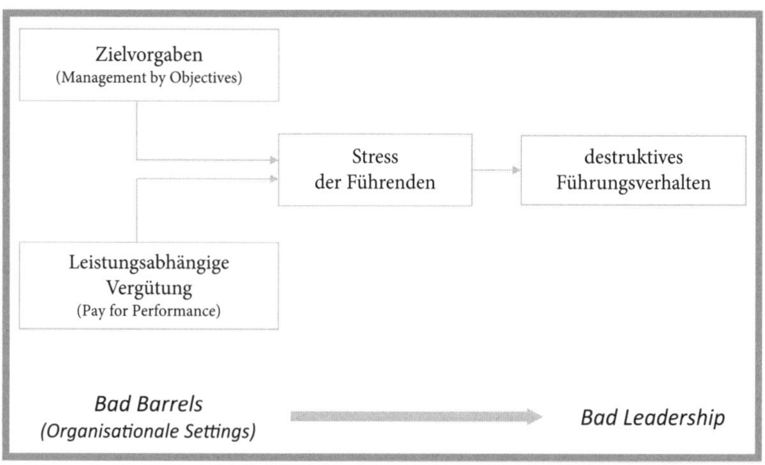


Abbildung 14: Stress und destruktives Führungsverhalten[247]

Bardes und Piccolo beziehen sich in diesen Überlegungen natürlich vor allem auf den sogenannten *negativen Stress*, der Emotionen wie Angst und

Wut schürt und sich in der Regel einstellt, wenn viel auf dem Spiel steht und die Aufgabe mit den eigenen Möglichkeiten kaum oder gar nicht zu bewältigen ist.[248] Organisationale Zielvorgaben vermögen grundsätzlich dann negativen Stress zu verursachen, wenn sie den Führenden in ihrer Höhe als unerreichbar erscheinen (z.B. Steigerungen der Leistung um 25% unter sonst gleichen Bedingungen) und/oder wenn sie aufgrund der zur Verfügung stehenden Ressourcen als unrealistisch wahrgenommen werden (z.B. gleiche Leistungen trotz eines Personalabbaus von 25%). In diesem Sinne schwierig oder immer schwieriger zu erfüllende Zielvorgaben vermögen zunehmenden Stress bei Führungskräften hervorzurufen, der nochmals gesteigert wird, wenn – und je weitreichender – die eigene Vergütung von der Erreichung der vorgegebenen Ziele abhängig gemacht wird. Immer höhere Leistungsvorgaben (Management by Objectives) in Verbindung mit stark leistungsorientierten Vergütungssystemen (Pay for Performance) begründen so gesehen einen negativen Stress bei Führenden, der dann auch und gerade in verstärkt destruktiven Führungsverhalten ein Ventil finden kann.

In einem ähnlichen Sinne liest sich auch die Arbeit eines US-amerikanischen Forschertrios um Elad Sherf[249], die ihren Beitrag aus dem Jahre 2019 gleich mit dem Kernproblem überschreiben: „Too busy to be fair" – sprich: Wenn die Arbeitsbelastung und/oder der Zeitdruck dauerhaft extrem hoch sind, dann bleiben dem Führenden schlicht keine Kapazitäten und Ressourcen, um sich auch noch um (schwierige und aufwendige) Fragen der Gerechtigkeit zu kümmern. Technische Zielerreichung geht dann einfach zu Lasten ethischer Erwägungen und Handlungen. Dass bei alledem auch eine gewisse Dynamik miteinzubeziehen ist, zeigt eine Studie von Alyson Byrne und sieben weiteren Kollegen.[250] Deren These lautet: Die Qualität der Führung – good or bad – hängt nicht zuletzt vom psychologischen Wohl- oder eben auch Schlechtbefinden des Führenden ab. Soll heißen: Befindet sich ein Führender hinsichtlich seiner psychologischen Ressourcen in einer Abwärtsspirale, die auf zunehmende Erschöpfung und Auszehrung hinausläuft und sich symptomatisch in depressiven Verstimmungen, phasenweiser Ängstlichkeit oder auch steigendem Alkoholkonsum am Arbeitsplatz ausdrücken kann, dann, so der empirische Befund, geht dies eindeutig zu Lasten einer guten (hier: transformationalen) Führung und befördert eine schlechte, von feindselig-aggressiven Verhaltensweisen durchdrungene Führung.

Die Erkenntnis an dieser Stelle lautet somit: Wer schlechte Führung ursächlich verstehen will, der sollte sich nicht damit begnügen, die Schuld allein im Schlechten der Person zu suchen. Denn Bad Leadership lässt sich nicht abschließend mit der Bad Apple-Theorie erklären, sondern muss gleichermaßen auf die Bad Barrel-Theorie rückbezogen werden. Dies bedeutet: Vielfach sind es die organisationalen Settings, die Bad Leadership bedingen. Entlang einer Studie von Matthias Fifka und Stella Kraus[251] heißt dies konkret für das mittlere Management in Deutschland: Da der Leistungsdruck auf dieser Führungsebene immer weiter ansteigt, die Ressourcen hingegen immer weiter gekürzt werden, die Arbeitsbelastung infolge dessen kontinuierlich zunimmt, kann es eigentlich kaum verwundern, wenn bei den Betroffenen der negative Stress anwächst, Prozesse der psychologischen Erschöpfung fortschreiten – und schlechte Führung als Ergebnis dessen am Ende herauskommt.

Bad Barrels fallen nun allerdings nicht vom Himmel bzw. entwickeln sich unaufhaltsam in naturwüchsigen Prozessen. Vielmehr gilt: Schlechte Fässer werden gemacht. Handwerklich gesprochen: Die *Böttcher* sind dafür verantwortlich. Und so verhält es sich natürlich auch hinsichtlich der innerorganisatorischen Settings. Sie werden „geböttchert“ – in letzter Verantwortung von der obersten Unternehmensführung. Und wenn diese Settings, wie gesehen, schlecht sind für die Führenden (z.B. negativer Stress) und Geführten (z.B. destruktives Führungsverhalten) in unseren Organisationen, dann wäre es naheliegend, bei den Böttchern bessere Fässer in Auftrag zu geben. „Fässer“ also, die weniger Leistungsdruck erzeugen, mehr Ressourcen zubilligen, geringere Arbeitsbelastungen nach sich ziehen. Eine gute, „prosoziale“ Unternehmensführung könnte dies doch wohl bewerkstelligen! Das Problem ist hier nun allerdings: Die Unternehmensführenden sind längst nicht mehr völlig frei in dem, was sie so böttchern. Stattdessen gilt: Sie sitzen selber in einem nicht allzu guten Fass. Dieses Fass nennen wir: *Finanzialisierung der Wirtschaft.*

## Der Böttcher im Fass – Wie Finanzialisierung schlechte Unternehmensführung bedingt

Finanzialisierung ist ein Begriff, den man so nur selten hört. Die Essenz des Begriffs geistert jedoch – wenn zumeist auch vage und diffus – durch fast jede Diskussion, die den Kapitalismus in seiner heutigen Form kritisch bis skeptisch ins Auge fasst. Finanzialisierung hat dabei quasi auch eine weitaus bekanntere „Schwester“, die Globalisierung, deren praktische Auswirkungen in aller Regel auch mit so manchem negativen Vorzeichen versehen werden. Der britische Soziologe Ronald Dore hat zu dieser Wahlverwandtschaft treffend vermerkt: „Finanzialisierung ist ein wenig wie Globalisierung – ein griffiges Wort für eine ganze Fülle mehr oder weniger offensichtlicher struktureller Wandlungen in den Ökonomien der industrialisierten Welt.“[252] Finanzialisierung verweist so gesehen auf strukturelle Wandlungen in unserer Wirtschaft. Als erste Annäherung an diese Wandlungen kann die häufig gehörte Umschreibung gelten, der zu Folge wir seit einigen Jahrzehnten – genau genommen: seit der neoliberalen Wende der frühen 1980er-Jahre – einen *Übergang vom Industrie- zum Finanz-Kapitalismus* erleben. Was aber ist damit nun gemeint? Der Ökonomie-Professor Gerald Epstein – wenn man so will der Nestor der wissenschaftlichen Auseinandersetzung mit dem fortschreitenden Finanzialisierungsprozess – erklärte diesen Übergang allgemein mit einer „wachsenden Bedeutung der finanziellen Motive, der Finanzmärkte, der finanzwirtschaftlichen Akteure und der Finanzinstitutionen im Tätigkeitsbereich der heimischen wie auch der internationalen Wirtschaft."[253] Mit anderen Worten: Im Zuge der Finanzialisierung steigt die Bedeutung der Finanzmärkte (siehe „Börse um acht"), der Finanzinstitutionen (v.a. Investmentbanken, Hedgefonds) und der finanzwirtschaftlichen Akteure (z.B. Goldman Sachs, Blackrock, Rating Agenturen, Finanzanalysten) innerhalb unserer Wirtschaft, ändern sich die (Macht-)Verhältnisse zwischen Finanzwirtschaft und Realwirtschaft (zu Ungunsten letzterer) und gewinnen (zumeist sehr kurzfristige) finanzielle Motive (z.B. Quartalszahlen) Oberhand gegenüber strategisch-langfristigen oder gar nicht-finanziellen Motiven (bspw. gesellschaftliche Verantwortung). Und nochmals anders gesprochen, nun bezogen auf die Vergangenheit: Vor der Finanzialisierung, also in den Zeiten des Industrie-Kapitalismus, spielten Finanzmärkte und institutionelle Investoren eine weitaus unbedeutendere Rolle, hatte die Finanzwirtschaft noch eine klar dienende Funktion gegenüber der Realwirtschaft (v.a. Kreditvergabe für Investitionen), interessierten Quartalszahlen in Unternehmen niemanden sonderlich, dafür standen strategisch-langfristige Planungen im Mittelpunkt des Interesses – und wer beim Fernsehen eine „Börse vor acht" vorgeschlagen hätte, der hätte allenthalben Kopfschütteln geerntet.

Die Zeiten haben sich bekanntlich geändert, was zunächst einmal durch die folgenden, bemerkens- und bedenkenswerten Zahlen zum Ausdruck kommt:[254]

- So wird der Beitrag des Finanzsektors zum Bruttoinlandsprodukt in den meisten Ländern immer größer. Mit Blick auf die EU und für das Jahr 2010 wurde beispielsweise berechnet, dass 29 Prozent der Wertschöpfung durch den sog. Fire-Sektor (Finanzdienstleistungen, Versicherungen, Immobilien) generiert wurden, wohingegen die verarbeitende Industrie hier lediglich 18,5 Prozent beisteuerte.
- Auch steigt der Anteil der Finanzindustrie bei den erwirtschafteten Gewinnen. In den USA beispielsweise von 20 Prozent in 1980 auf 30 Prozent in den 1990er-Jahren; in 2000 lag er bereits bei rund 40 Prozent und knackte in 2010 die 50 Prozent Marke. Das bedeutet: Mehr als die Hälfte aller ausgewiesenen Gewinne wird nicht mehr im klassischen (Investitions- und Produktions-)Modus („Geld → Ware → mehr Geld") erwirtschaftet, sondern im verkürzten – und irgendwie alchemistisch anmutenden – Modus „Geld → mehr Geld". Die Umschreibung „Profite ohne Investitionen"[255] trifft es hier ganz gut.

- Und auch die Vergütungen widerspiegeln die moderne Finanz-Dominanz: In 2004 verdienten die fünf bestbezahlten Hegdefond-Manager erstmals mehr als die CEOs aller S&P 500 Unternehmen *zusammen*.[256] Denn während letztere es in Sachen Jahresverdienst häufig gerade einmal in den zweistelligen Millionenbereich schaffen, bringen Hedgefond-Manager immer häufiger einen Milliardenbetrag mit nach Hause: In 2010 verzeichnete David Tepper von Appaloosa Management den sagenhaften „Verdienst" von 4.000.000.000 USD[257]; in 2014 strich Steven Cohen als Manager von Point72 Asset Management 1,7 Milliarden USD ein[258]; und in 2017 waren es für den Chef des weltweit größten Finanzinvestors, Blackrock, dann auch zumindest schon einmal eine runde Milliarde[259].

Finanzialisierung verweist nun allerdings nicht einfach nur auf einen relativen Bedeutungszuwachs der Finanzwirtschaft. Der Prozess steht vielmehr auch für einen massiven Machtzuwachs der Branche, der seinerseits erhebliche Auswirkungen auf die sog. Realwirtschaft hat – die nicht-finanzwirtschaftlichen Unternehmen. Insbesondere der Verzicht der Nationalstaaten auf eine Regulierung des Kapitalverkehrs, die transnationalen Möglichkeiten zur Beteiligung an bzw. zur Übernahme von realwirtschaftlichen Unternehmen, aber auch das systematische Entstehen und Wirken institutioneller Investoren sind in diesem Zusammenhang als bedeutsam zu nennen. Und mit dem Anwachsen der Macht nahm im Gleichschritt auch die „Ungeduld" der finanzwirtschaftlichen Akteure zu. Das heißt, Investmentbanken, Hedgefonds und Private Equity-Fonds streben – im Sinne ihrer rein ökonomisch dimensionierten Interessen – im Wesentlichen nur zweierlei an: erstens: immer höhere Renditen in, zweitens, in immer kürzerer Frist![260] Dass der Deutsche Bank-Chef Josef Ackermann diesem Wunsch „der Märkte" in aufsehenerregender Weise mit dem Diktum einer 25-prozentigen Eigenkapitalrendite pro Jahr zu bedienen suchte, sei hier nur nochmals hinterlegt.

Aus der Finanzialisierung der Wirtschaft erwuchs mit Blick auf die Unternehmen der Realwirtschaft somit vor allem eines: eine kapitalmarktorientierte Unternehmensführung (siehe Kapitel 3), die der „Philosophie" (genauer: Zielsetzung) einer „Maximierung des Shareholder Values" folgt und als erfolgreich gilt, wenn eine *überdurchschnittliche* Rendite erwirtschaftet wird. Was umgekehrt bedeutet: Jede *unterdurchschnittliche* Rendite gilt bereits als *Wertvernichtung*.[261] Der frühere Continental und Telekom-Vorstand und heutige Bundestagsabgeordnete Thomas Sattelberger brachte dies prägnant auf die Formel, dass Unternehmen von institutionellen Investoren und deren Geldgebern zu reinen „Geldmaschinen" reduziert werden, die auch noch den letzten Euro aus jedem Geschäft zu pressen haben.[262] Nun ist das kapitalmarktspezifische – und mit Verlaub: grundschlechte (!) Ziel, Unternehmen in „Geldmaschinen" zu verwandeln, natürlich noch nicht gleichzusetzen mit der Erreichung dieses Ziels. Eine gute Führung könnte sich ja standhaft weigern, dieses schlechte Ziel zu verfolgen. Damit sind wir wieder bei Jensen/Meckling und ihrer Idee, gute Unternehmensführende schlecht zu machen, indem man extreme Performance-Anreize setzt, die Gier damit weckt und so auf eine schlechte Führung von Unternehmen im Sinne der „Geldmaschinen" hinwirkt (siehe Kapitel 5).

Und hier sind wir nun an einem wirklich spannenden Punkt – nämlich der Frage, ob es denn nicht auf breiter Front oder zumindest häufiger Unternehmensführende gibt, die „gute Äpfel" sind und bleiben wollen, der Versuchung des Geldes deshalb widersagen und einfach weiterhin einer guten und gesellschaftlich verantwortungsbewussten Unternehmensführung verpflichtet bleiben. So einfach ist es aber leider nicht. Denn, um im Bild zu bleiben, das „ungeduldige" Finanzkapital hat noch andere Werkstoffe zur Verfügung, um ein Fass zu böttchern, in dem letztlich auch nicht-korrumpierbare Top-Manager „schlecht" und zur Maximierung des Shareholder Values gezwungen werden? Die Verfahren laufen dabei in etwa wie folgt:

Zu nennen ist hier zunächst die Methode der *feindlichen Übernahme* von Unternehmen („Unfriendly Takeover") – ziemlich genau das, was Richard Gere in „Pretty Woman" beruflich gemacht hat, bevor Julia Roberts ihn zuletzt dann doch zur guten Seite der Führung bekehrte. Worum geht es? Nun, hier ist zunächst zu sehen, dass ein Shareholder Value-Management den Aktienwert von Unternehmen natürlich stark nach oben treibt, was im Umkehrschluss bedeutet, dass eine gesellschaftlich verantwortungsbewusste oder „prosoziale" Unternehmensführung eine Unterbewertung des Unternehmens am Aktienmarkt nach sich zieht (niedrige Gewinne, niedrige Rendite, niedriger Aktienkurs). Das heißt, die Aktien sind billig, die Aktionäre eher unzufrieden. Investoren können sich nun an diese Aktionäre wenden, indem sie ihnen ein Kaufangebot für ihre Aktien unterbreiten, das über dem aktuellen Kurswert liegt. Die Aktionäre würden also Gewinne einstreichen – und wenn sie aufgrund dessen ihre Aktien verkaufen, geht das Unternehmen in das Eigentum der Investoren über. Und gehört ihnen das Unternehmen, dann widmen sie sich – wie weiland Richard Gere oder die „Heuschrecken" des Franz Müntefering – der sogenannten „Filetierung" des Unternehmens: überschüssige Kapazitäten und Kosten werden schnellstens abgebaut, wertvolle Betriebe, Patente, Liegenschaften werden gewinnbringend veräußert, was nicht mehr rentiert wird abgewickelt. Damit wird auch deutlich, warum eine solche Übernahme „feindlich" heißt. Sie erfolgt gegen den Willen der Führung und in aller Regel auch gegen den Willen der Beschäftigten, denn letztere verlieren vielfach ihren Arbeitsplatz, erstere verlieren den Kampf um eine gute Führung – und in der Regel auch ihren Arbeitsplatz.

Eine Alternative zur kompletten (und teuren) Übernahme ist die *finanzielle Beteiligung* am Unternehmen, die es Finanzinvestoren erlaubt, im Rahmen der Corporate Governance an der Kontrolle der Unternehmung teilzuhaben und so Einfluss zu nehmen. Ein Beispiel hierfür datiert aus dem Jahr 2018 und bezieht sich auf Vorgänge bei Thyssenkrupp. Der US-amerikanische Hedgefonds Elliott und der schwedische Finanzinvestor Cevian hatten sich in diesen Konzern eingekauft, um sogleich mit der Forderung nach einem schnellen Konzernumbau auf eine höhere Rendite hinzuwirken. In der Folge des internen Machtkampfes gab schließlich zunächst der Vorstandsvorsitzende Heinrich Hiesinger seinen Posten auf. Nur wenige Tage später tat es ihm der Vorsitzende des Aufsichtsrats, Ulrich Lehner, gleich und erklärte, dass seine Entscheidung dazu beitragen solle, „das notwendige Bewusstsein bei allen Beteiligten zu schaffen, dass eine Zerschlagung des Unternehmens und der damit verbundene Verlust von vielen Arbeitsplätzen keine Option darstellt – weder im Sinne des Stifters noch im Sinne unseres Landes". Zum Interims-Vorstandsvorsitzenden wurde der Finanzchef Guido Kerkhoff bestellt, der sich in seiner ersten Amtshandlung sogleich zwischen den Stühlen positionierte, indem er in einem Interview sagte: „Auch uns als Vorstand ist bewusst, dass wir unsere Rendite steigern müssen, um das Vertrauen des Kapitalmarkts in unser Unternehmen zu stärken – und wir wissen, dass wir das schaffen können", um in einem Schreiben an die Mitarbeiter gleich wieder zu beruhigen: „Kurzfristige Renditemaximierung auf Kosten der Zukunftsfähigkeit des Unternehmens ist nicht unser Ziel."[263]

Diese kurzen Einlassungen zu gesellschaftlich zweifellos sehr bedeutsamen Vorgängen, die sich dennoch fast immer fernab der öffentlichen Wahrnehmung vollziehen, verdeutlichen im Kontext dieses Kapitels vor allem eines: Das Top-Management von großen Kapitalgesellschaften kann Unternehmensführung in Zeiten einer fortgeschrittenen Finanzialisierung nur noch sehr begrenzt nach eigenem Gusto (moralischen Werten) betreiben. Denn diese Führungspersonen sitzen selbst in einem ziemlich ungemütlichen „Fass", das von anderen (mächtigeren) geböttchert wurde und ihnen unmissverständlich bedeutet: „Entweder Du folgst den gesetzten Performance-Anreizen und kannst so unermesslich reich werden. Oder Du lässt es, wirst dann jedoch in Deiner Position vermutlich nicht sehr alt werden." Fast schon könnte man hier defätistisch fragen: Warum nicht gierig werden, wenn nicht-gierig sein ohnehin keine Option ist? Oder in unseren Begrifflichkeiten gesprochen: Lieber ein Bad Leader als gar kein Leader!

Fazit: Spätestens mit der klaren CEO-bezogenen Ansage: „Wall Street can wipe you out"[264] steht fest, dass der vormaligen Managerherrschaft"[265] ein Ende gesetzt wurde und wir in die finanzialisierte Phase einer „Hegemonie des Rentiers[XIV]" eingetreten sind.[266] Diese Art der Unternehmensführung

[XIV] Als *Rentier* gilt „eine Person, die von regelmäßigen Zahlungen aus in Aktien oder Anleihen angelegtem Kapital, der Vermietung von Immobilien oder der Verpachtung von Land lebt" (de.wikipedia.org/wiki/Rentier_(Person)).

wird damit ein Stück weit alternativlos, was sich darin zeigt, dass sich längst nicht mehr nur in den USA, sondern mittlerweile „auch in Deutschland viele Manager großer Aktiengesellschaften vorrangig oder fast ausschließlich an *einem* Ziel orientieren: jeweils im laufenden Quartal und in nächster Zukunft für die Aktionäre extrem hohe Renditen zu erzielen."[267] Aus der Erwartung einer „Maximierung des Shareholder Value" wurde also die Praxis des „Shareholder Value-Management", das neben illegitimen (ethisch fragwürdigen) Handlungsweisen zunehmend auch illegale (gesetzeswidrige) Handlungsweisen hervorruft. Der nicht abebbende Boom der Debatte über (mangelnde) Unternehmensethik bzw. gesellschaftliche (Un-)Verantwortung von Unternehmen spricht hier ebenso Bände wie einschlägige Studien[268], die massive moralische Desorientierungen und Deformierungen im Top-Management diagnostizieren. Eben hierbei gilt es jedoch zu sehen: „Bad" Leader sind häufig gar nicht bad, sondern stecken in Bad Barrels, die Bad Leadership quasi zur Zwangsläufigkeit werden lassen (Abbildung 15).

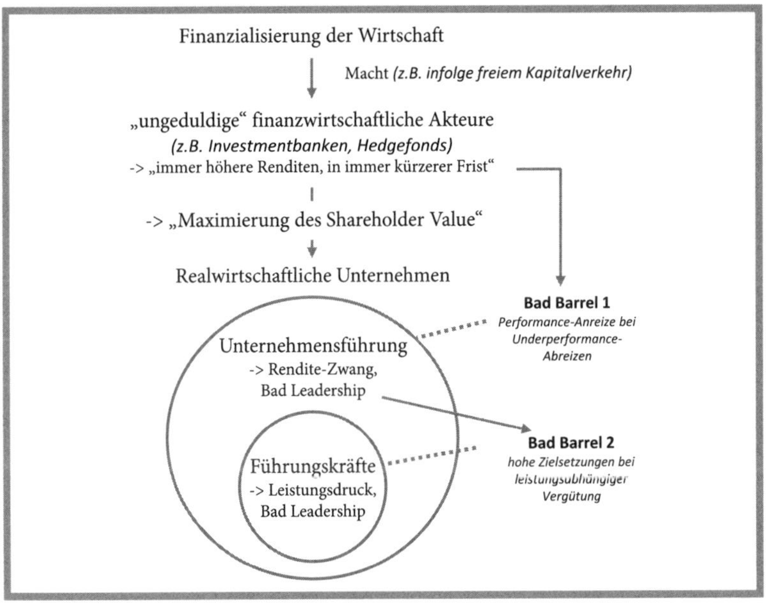


Abbildung 15: Finanzialisierung als Bad Barrel-Böttcher

# Kapitel 7
# Bad Apples der anderen Art – oder: Wie die Geführten selbst zur schlechten Führung beitragen

*„Ein beachtlicher Teil der Bevölkerung tut, was zu tun befohlen wird ...“*

Stanley Milgram, Sozialpsychologe[269]

Bad Leadership hängt natürlich zusammen mit einer schlechten Persönlichkeit, die ein Führender besitzen kann. Keiner würde das bezweifeln. Aber: Bad Leadership hängt in aller Regel aber auch zusammen mit einer schlechten Situation, in der die Führung stattfindet. Und das vermutlich weit häufiger und weitgehender, als wir gemeinhin zu glauben bereit sind. Komplettieren wir das Bild, dann bleibt eines übrig: Das Scherflein – und auch hier gilt: vermutlich mehr als nur das –, welches wir selber als Geführte zum Bad Leadership beitragen. Sprich: Bad Leadership verweist fast immer auch auf ein *Bad Followership*! Bad Apples gibt es demzufolge nicht nur oben in der Hierarchie, sondern genauso an deren unterem Ende. Dies bedeutet: Die Geführten sind nicht nur als „Opfer“ von schlechten Führern zu sehen, wie dies unser einfaches Bad Leadership-Bild suggeriert (siehe Abbildung 1); sie sind vielmehr auch „Täter“ bzw. „Ermöglicher“[270] beim Entstehen und Fortbestehen einer schlechten Führung. Dies erscheint natürlich etwas paradox, bedeutet es doch, dass die Geführten mitschuldig sind daran, dass sie von schlechten Führern aggressiv-feinselig behandelt werden und/oder dass ihre Ziele von ungerechten Führern vernachlässigt oder missachtet werden. Dennoch dürfte genau dieses oftmals der Fall sein. Was aber „reitet“ die Geführten, wenn sie schlechte Führer tolerieren, akzeptieren oder gar evozieren? Wir wollen dieser Frage im Folgenden nachgehen und uns also auf die Suche nach der „Dark Side of Followership“ begeben. Und auch hier wollen wir wieder bei einem Klassiker der Sozialpsychologie beginnen.

## Stromschläge für die Schauspieler – Wie der Gehorsam schlechte Führung ermöglicht

Wer die „dunkle Seite“ der Geführten – nicht zuletzt in uns selber –verstehen möchte, der kommt an einem Experiment kaum vorbei, nämlich dem des Sozialpsychologen Stanley Milgram. Das praktischer Weise gleich nach ihm benannte Experiment kann es in Sachen Berühmtheit und Berüchtigkeit absolut mit dem Stanford Prison Experiment (siehe Kapitel 6) aufnehmen und schildert sich wie folgt:[271]

Das Milgram-Experiment fand in den frühen 1960er-Jahren an der Yale University statt. Die Teilnehmer rekrutierte Milgram mittels einer Zeitungsannonce, in der „Personen für eine Untersuchung über Gedächtnisleistungen" gesucht wurden und die den Teilnehmern eine Bezahlung von „4 Dollar für eine Stunde ihrer Zeit" anbot.[272] Die Probanden selbst wurden für die Dauer des Experimentes dabei stets im Glauben gelassen, dass sie wirklich an einer wissenschaftlichen Studie über die Auswirkungen von Strafen auf den Lernerfolg teilnahmen, die von einem wissenschaftlichen Versuchsleiter (Milgram) „verantwortlich" durchgeführt wurde. Der Ablauf des Experimentes war so angelegt, dass es für jeden Probanden den Anschein hatte, dass zwei „Freiwillige" gleichzeitig geladen waren, die eingangs per Losentscheid auf die Funktion des „Lehrers" und des „Schülers" zugeteilt wurden. Tatsächlich war jedoch nur einer der beiden ein freiwilliger Proband – der zweite war ein angestellter Schauspieler, der auch immer die Rolle des „Schülers" zugewiesen bekam (sprich: der Losentscheid war manipuliert). Der „Schüler" (und Schauspieler) wurde sodann in einem Nebenraum, der durch eine Glasscheibe gut einzusehen und per Mikrofon mit dem Hauptraum verbunden war, auf einer Art „elektrischem Stuhl" festgeschnallt und mit Elektroden verbunden, die ihrerseits an einen „Shock Generator, Type ZLB, Dyson Instrument Company, Mass., Output 15 Volts – 450 Volts" (so das offen angebrachte Typenschild) angeschlossen waren. Die Funktion des „Lehrers" (des Probanden) war es, dem „Schüler" mittels dieses Generators und auf Anweisung des Versuchsleiters Stromschläge zu verabreichen. Die Verabreichung der Stromschläge erfolgte dabei immer dann, wenn der „Schüler" sich nicht an den zweiten Teil eines Wortpaares (z.B. „Blau-Schachtel" oder „Schön-Tag") erinnern konnte (beispielsweise wenn der Versuchsleiter „Schön" sagte und der „Schüler" „Schachtel" antwortete). Es sollte also vermeintlich getestet werden, ob und in welcher Weise Bestrafungen (Stromschläge) das individuelle Lernverhalten beeinflussen. Wesentlich war dabei, dass die Stromschläge kontinuierlich zu steigern waren – beginnend mit 15 Volt als niedrigster Stufe und (potenziell) 450 Volt als höchstmöglicher Stufe. Die Stromschläge wurden jeweils in Stufen von 15 Volt gesteigert. Für den Verlauf des Experiments ergab sich somit, dass der „Schüler" in der Wahrnehmung des „Lehrers" immer höheren Stromschlägen ausgesetzt war (tatsächlich floss zu keiner Zeit Strom!), auf die der „Schüler" als Schauspieler entsprechend reagierte. So teilte er dem Hauptraum (inklusive dem hier eingesetzten „Lehrer") nach dem 120 Volt-Schock über die Gegensprechanlage mit, dass dieser Schock „schmerzhaft" sei; beim 150 Volt-Schock weigerte er sich, weiterzumachen, und forderte, losgeschnallt zu werden (ohne dass der Versuchsleiter dem nachkam); bei 270 Volt brach der „Schüler" in „qualvolles Schreien" aus und verweigerte jede weitere Antwort (woraufhin der Versuchsleiter den „Lehrer" aufforderte, keine Antwort wie eine falsche zu behandeln, also mit den Stromschlägen fortzufahren); ab einer Stärke von 330 Volt verstummte der „Schüler" vollends. Das Experiment wurde vom Versuchsleiter dennoch fortgesetzt und der „Lehrer" blieb weiterhin aufgefordert, Elektroschocks zu verabreichen – bis die höchste Stufe von 450 Volt erreicht war. (Unter dem 375 Volt- Kippschalter stand bereits deutlich zu lesen: „Gefahr: schwerer Elektroschock"). Das Experiment ergab, dass *zwei Drittel* der insgesamt 1000 Probanden den Anweisungen des Versuchsleiters bis zum *450 Volt-Schock* folgten.[XV]

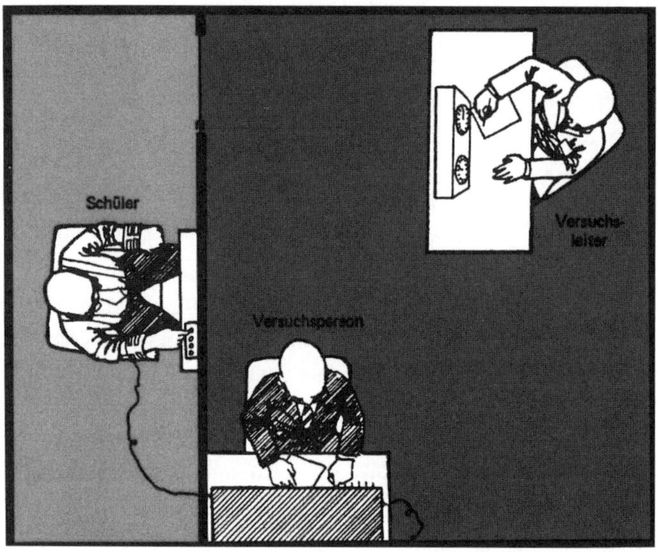


Abbildung 16: Das Milgram-Experiment[273]

Worum aber ging es Milgram in diesem Experiment und welche Erkenntnisse können hieraus für das Verhalten von Geführten gezogen werden? Im Zentrum des Experiments steht die – situativ erzeugte und durch den Aufbau des Experimentes fortwährend gesteigerte – innere Spannung des Probanden zwischen den Instanzen „Autorität des Versuchsleiters" und

[XV] Es sei hier erwähnt, dass das Milgram-Experiment sehr häufig in verschiedenen Variationen (z.B. Frauen statt Männer, zwei statt einem Versuchsleiter) durchgeführt wurde (vgl. Milgram 2004, S.73ff.) – in aller Regel jedoch mit ähnlichen Ergebnissen. Bemerkenswerte Abweichungen zeigten sich lediglich, als der „Schüler" und der „Lehrer" im gleichen Raum positioniert wurden (körperliche Nähe zum „Opfer") und daraufhin „nur" noch ein Drittel der Probanden bis zum Höchstwert von 450 Volt ging, und als der Versuchsleiter seine Anweisungen per Telefon gab (Distanz zum „Verantwortlichen") und daraufhin nur noch 20 Prozent der Probanden bis zum Höchstwert gingen.

„eigenes Gewissen". Das Gewissen wird dabei dadurch gezielt angesprochen, dass der Proband als „Lehrer" einer offenkundig hilflosen Person („Schüler"), die für ihn selbst weder bedrohlich noch schädlich ist, erhebliche Schmerzen zufügt, ja gegebenenfalls deren Gesundheit und Leben gefährdet.[274] Mit Blick auf diese eskalierende Spannung war es das Ziel des Experimentes, herauszufinden, „wann und auf welche Weise Menschen sich unter dem Eindruck eines deutlichen moralischen Imperativs gegen die Autorität auflehnen würden."[275] Die Frage war mit anderen Worten, wie weit der Gehorsam von Menschen geht und ab wann dieser aus moralischen Gründen verweigert wird – der Proband also beispielsweise einfach aufsteht und das Laboratorium verlässt. Dass dieser Schritt für jeden Probanden einfach gewesen wäre, wurde dadurch befördert, dass das Experiment keinerlei Formen von offenem Druck und gar Drohungen beinhaltete.[276] Umso bestürzender erscheint das Ergebnis beziehungsweise die Tatsache, dass zwei Drittel der Teilnehmer offenkundig nicht in der Lage waren, der Autorität den Gehorsam zu verweigern und deshalb hilflosen Dritten, wohl aber auch sich selbst, erheblichen Schaden zufügten. Als „Schaden", den die Probanden sich selbst zugefügt haben, kann der Umstand gewertet werden, dass die meisten „Lehrer" mehr oder minder große moralische Schwierigkeiten („Gewissensbisse") hatten, den „Schüler" zu bestrafen, was sich anhand zunehmender Unsicherheit, Nervosität, Schweißausbrüche oder auch ständigem nervösen Kichern bemerkbar machte. Verdeutlicht werden kann dies durch folgende Beschreibung: „Ich beobachtete einen reifen und anfänglich selbstsicher auftretenden Geschäftsmann, der das Labor lächelnd und voller Selbstvertrauen betrat. Innerhalb von 20 Minuten war aus ihm ein zuckendes, stotterndes Wrack geworden, das sich rasch einem Nervenzusammenbruch näherte. Er zupfte dauernd an seinem Ohrläppchen herum und rang die Hände. An einem Punkt schlug er sich mit der Faust gegen die Stirn und murmelte: 'Oh Gott lass uns aufhören'. Und doch reagierte er weiterhin auf jedes Wort des Versuchsleiters und gehorchte bis zum Schluss."[277]

Das Milgram-Experiment macht deutlich, dass Geführte Führenden auch dann folgen, wenn letztere eindeutig moralisch schlecht handeln und zerstörerisch auf Dritte, aber auch auf die Geführten selbst wirken. Die Führenden brauchen dabei offensichtlich noch nicht einmal über bedeutsame (Führungs-)Macht zu verfügen, sprich: sie müssen nicht Furcht einflößen (Bestrafungsmacht) oder persönliche Interessen ansprechen (Belohnungsmacht), noch müssen sie in irgendeiner Form vorbildlich oder außergewöhnlich erscheinen (Identifikations- und charismatische Macht). Sie müssen eigentlich gar keine Macht haben – außer eben jener unscheinbaren und fast schon altbackenen Macht, die gemeinhin unter dem Begriff „Amtsautorität" firmiert. Und selbst diese kann, wie das Experiment zeigt, auf eine Stunde beschränkt sein – und trotzdem hinreichen, Geführte potenziell zu

Mördern zu machen. Das Experiment macht damit auch deutlich, dass „die Kraft, die vom Moralgefühl des Individuums ausgeht, (...) weit weniger wirksam (ist), als gesellschaftliche Mythen uns glauben lassen möchten."[278] In jedem Falle erscheint das Moralgefühl seltener handlungsleitend als die Bereitschaft zum Gehorsam. Diese Erkenntnis mag jeder für sich natürlich bezweifeln, was tatsächlich auch sehr häufig der Fall ist.[279] Insbesondere wird in Zweifel gezogen, dass die Laborergebnisse tatsächlich verallgemeinernd auf den gesellschaftlichen Bereich als Ganzes übertragen werden können. Milgram bedachte diese Kritik unter anderem mit folgendem Kommentar: „Ich wundere mich immer wieder, wenn ich bei Vortragsreisen im ganzen Land auf junge Männer treffe, die über das Verhalten der Versuchspersonen entsetzt waren und behaupteten, sie würden sich niemals so verhalten, und die wenige Monate später zum Militärdienst eingezogen wurden und ohne Gewissensbisse Handlungen begingen, die die Schockverabreichung an unser Opfer als harmlos erscheinen lassen."[280] Überdies mag man auch denken, dass die Ergebnisse des Experimentes in dem Sinne nicht mehr gültig sind, als Gehorsam eher ja auf einen tradierten und obsoleten Wert (Sekundärtugend) verweist, der im Zuge des Wertewandels längst von neuen und modernen Werten (z.B. Autonomie, Partizipation, Emanzipation) abgelöst wurde. Abgesehen davon, dass aktuelle Studien aus den Jahren 2009[281] und 2017[282] die Befunde Milgrams eindeutig bestätigen, könnte man dieser Überlegung zudem entgegen halten, dass das Problem von schlechten Geführten womöglich weniger ihre Gehorsamsbereitschaft ist als vielmehr die Unfähigkeit, den Gehorsam (aktiv) zu verweigern und mithin jenes (moderne) Verhalten zu zeigen, das als Zivilcourage bezeichnet wird. Eben hierauf verweist auch Milgram, wenn er feststellt: „Aber zwischen Worten und Gedanken und dem entscheidenden Schritt des Ungehorsams gegenüber einer böswilligen Autorität liegt noch etwas anderes, nämlich die Fähigkeit, Überzeugungen und Wertmaßstäbe in Aktion umzusetzen."[283]

## Ich brauche Dich, mein Führer! – Wenn die Führung von innen schwach und das Bedürfnis nach Führung von außen stark ist

Als „verlorene Seelen" bezeichnet ein Forscherquartett um den US-amerikanischen Psychologen Christian Thoroughgood[284] all jene Geführten, die sich vor allem zu schlechten charismatischen Führern hingezogen fühlen, weil sie hoffen, von diesen zu erhalten, was ihnen ansonsten weitgehend fehlt: Klarheit und Richtung, Heimat und Zugehörigkeit, Selbstbewusstsein und Selbstwertgefühl. Genau mit diesem Typus des Bad Followers befasst sich ein Buch der Politikwissenschaftlerin Jean Lipman-Blumen, das den Titel „Die Verlockungen der toxischen Führer" trägt und im Untertitel die Kernfrage nachreicht: „Warum folgen wir zerstörerischen Chefs und korrupten Politikern?“ Ausgehend von der These einer weiten Verbreitung toxisch-schlechter Führung in Wirtschaft und Gesellschaft[285] untersucht Lipman-Blumen ausführlich die Frage, warum solche Führer eine mitunter extrem hohe Attraktivität für die Geführten besitzen. Im Zuge dessen identifiziert sie insbesondere die folgenden (tiefen-)psychologischen Ursprünge:[286]

- *Autoritäts-Bedürfnisse*, die weitgehend unbewusst und frühkindlich angelegt sind und sich im Wunsch nach (autoritären) Führungspersönlichkeiten äußern, die den Geführten Mut machen, Trost spenden und letztlich eine Befriedigung aller grundlegenden Bedürfnisse versprechen (Sicherheit, Schutz, soziale Wärme, Anerkennung und Selbstverwirklichung; vgl. Abraham Maslow) – ohne dies freilich tatsächlich leisten zu können. Der gelernte Psychoanalytiker und international anerkannte Führungsexperte Manfred Kets de Vries[287] spricht in diesem Zusammenhang treffend von einem Übertragungsprozess („transference“), in dessen Verlauf Geführte – mehr oder minder unbewusst – Führenden all jene Allwissenheit zuschreiben, die sie frühkindlich den Eltern, Lehrern oder anderen Autoritäten zugeschrieben haben. Geführte werden infolge dieser (regressiven) Übertragung zu unkritischen „Ja-Sagern“, die Führende bewundern, ihnen zu gefallen suchen und sie vorbehaltlos unterstützen – selbst dann, wenn sie von ihnen ausgenutzt werden.
- *Existenzielle Ängste*, die sich aus dem menschlichen Bewusstsein ergeben, sterblich zu sein, ohne allerdings zu wissen, wann und wie unser Sterben erfolgen wird. Aus dieser existentiellen Angst resultiert der Wunsch, zu Lebzeiten Bedeutendes und Überdauerndes zu schaffen. Toxische Führer greifen diesen Wunsch auf, indem sie Geführten das Gefühl vermitteln, sehr besonders oder gar auserwählt zu sein und ihnen letztlich sogar „Unsterblichkeit“ verheißen – wenn nicht in dieser, dann in einer anderen Welt, oder auf ewig in der Erinnerung der nachfolgenden Generationen.[288]
- *Situative Ängste*, die einer zunehmenden Wahrnehmung der Welt als unübersichtlich, unsicher und kaum mehr beherrschbar geschuldet sind (Stichworte hierzu wären beispielsweise 9/11 oder die Auswirkungen der globalen Ökonomie) und die das individuelle Bedürfnis nach Sicherheit und Ordnung kontinuierlich (über-)steigern. Wem es in Anbetracht dessen gelingt, glaubhaft zu versichern, als Führender „Ruhe und Ordnung“ wiederherstellen zu können, der kann leichthin in eine exponierte Führungsposition aufsteigen – und dürfte hierin insofern toxische Wirkungen zeitigen, als derartige Versprechen zumindest in offenen und pluralistischen Gesellschaften tatsächlich kaum einzuhalten sein werden.
- *Ängste des Scheiterns*, die aus der zunehmenden Wettbewerbs- und Erfolgsorientierung unserer (Markt-)Gesellschaft erwachsen, welche den

Einzelnen mit immer weitgehenderen und lebenslangen (Leistungs-) Anforderungen konfrontieren und auf diese Weise auch die individuelle Angst des persönlichen (sozialen, ökonomischen, psychischen) Scheiterns steigern. Toxische Führer stehen häufig – wenn auch nur scheinbar – über all dem, bestechen durch Stärke, Klugheit und Erfolge in all seinen Ausprägungen (Selbstsicherheit, Reichtum, Ausstrahlung) und wirken deshalb anziehend für jene, die sich selbst bestenfalls als „durchschnittlich" empfinden. Wenn wir also mit außergewöhnlichen und charismatischen Menschen in einer (Geführten-)Beziehung stehen, dann fühlen wir uns hierdurch besser: vollkommener, machtvoller und beschützter.[289]

## Ängstlichkeit, Nützlichkeit und Gläubigkeit – Was Bad Followership sonst noch begründen kann

Mit der *Gehorsamsbereitschaft gegenüber Autoritäten* und der *seelischen Verlorenheit* sind nun allerdings noch nicht alle Erklärungen für ein Bad Followership benannt, die in der wissenschaftlichen Debatte über diese Thematik erwogen werden. Eine ergänzende, historisch abgeleitete und gerade für uns hierzulande bedenkenswerte Dreiteilung stammt von der bereits mehrfach angesprochenen Barbara Kellerman[290]. Ihr analytischer Bezugspunkt ist Deutschland während der Zeit des Nationalsozialismus, für die sie folgende Bad Follower-Typologie ausmacht: (a) Zuschauer („Bystanders"), die entweder kein Problem mit der Nazi-Ideologie hatten oder denen die Kosten des Widerstandes verglichen mit jenen des Nichtstun einfach zu hoch waren; (b) Übeltäter („Evildoers"), die das Schlechte taten, weil es ihnen befohlen wurde, sowie (c) Messdiener („Acolytes"), die von der Ideologie des Bösen schlicht beseelt waren und ihr aus dem tiefsten Inneren heraus Folge leisteten. Die umfassendste Taxonomie schlagen Thoroughgood und Kollegen[291] vor. Diese beinhaltet die oben bereits vorgestellten „Gehorsamen" im Sinne Milgrams ebenso wie die „Verlorenen" im Sinne Lipman-Blumens, beinhaltet zudem die „Messdiener" und „Zuschauer" im Sinne Kellermans, und ergänzt diese Viererbande um eine weitere Kategorie: die kalkulierenden „Opportunisten", die schlechten Führern folgen, weil sie glauben, dass ihnen dieses persönlich von größtem Nutzen sein kann. Insgesamt zeichnen sie damit folgenden „Zirkel der anfälligen Geführten" (Abbildung 17):

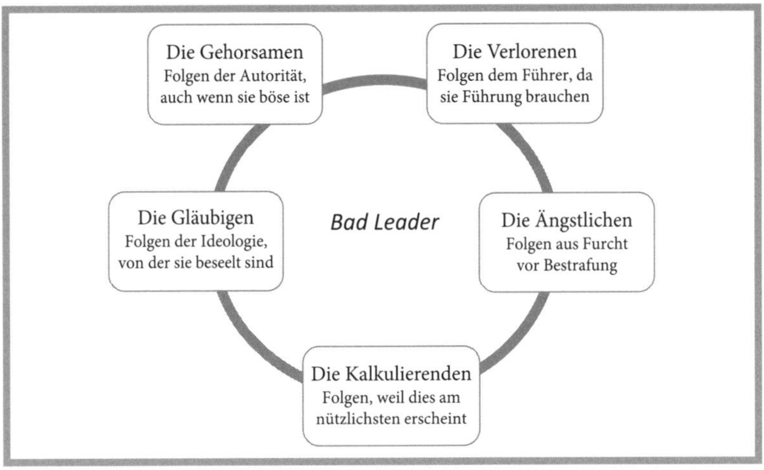


Abbildung 17: Bad Followership – der Zirkel der anfälligen Geführten[292]

Wie eine recht schöne, in gewisser Weise aber auch schockierende Ergänzung dessen liest sich der renommierte Shakespeares-Forscher Stephen Greenblatt in seinem Bestseller „Der Tyrann“[293] aus dem Jahre 2018. Ausgangspunkt ist hier der Umstand, dass Shakespeares sich während seiner gesamten Schaffensphase immer wieder mit der Frage auseinandersetzte, wie es erklärbar ist, dass ein ganzes Land einem Tyrannen in die Hände fällt.[294] In seiner Analyse des Dramas „Richard III“ zeigt Greenblatt dabei auf, dass Shakespeares das Aufkommen dieses Tyrannen vor allem mit den zwar sehr verschiedenen, allesamt aber auch völlig falschen und fatalen Reaktionen der Geführten auf diesen „Bad Leader“ verband. Konkret heißt dies:[295]

- Einigen droht Richard mit Gewaltanwendung („Zur Leiche mach ich den, der nicht gehorcht!“), was Ängste bei diesen erzeugt und ihren Widerstand bricht.
- Andere reden sich ein, dass sie selbst von Richards Aufstieg zur Macht profitieren könnten, weshalb sie diesen unterstützen.
- Wieder andere vermögen gar nicht zu sehen, dass Richard böse ist und neigen schlicht dazu, auch „das nicht Normale für normal zu erklären“[296].
- Und noch andere vermögen zwar das Böse zu erkennen, sehen aber lieber weg – solange, bis es zu spät ist.

Das Schöne hieran: Das, was Shakespeares ausmachte, bestätigt in bemerkenswerter Weise das, was auch die aktuelle Diskussion herausstellt. Das Schockierende daran: Das, was Shakespeare ausmachte, machte er im Jahre 1592 (!) aus – und wie es scheint, hat sich an alledem bis heute nicht wirklich viel geändert.

# Teil 3

## Wie wir schlechter Führung begegnen können

# Kapitel 8
# Nemesis in Aktion – oder: Wie das Personalmanagement zum Terminator der dunklen Triade werden soll

*„Die Eindämmung solchen Verhaltens (ist) sowohl aus ethischer als auch aus wirtschaftlicher Perspektive eine wichtige Aufgabe des Personalmanagements."*

Frank Walter, Personalforscher[297]

Bad Leadership ist ein Phänomen, das in unserer sozialen Welt weitverbreitet ist, das für die meisten mit überwiegend negativen Auswirkungen einhergeht und dem zu begegnen – letztlich im Sinne der Verwirklichung einer guten Führung – von daher geboten erscheint. Allerdings gilt auch: Bad Leadership ist eher selten eindeutig bestimmbar, sondern immer auch eine Frage des Standpunktes wie auch des Zeitpunktes der Betrachtung (siehe Teil I). Bad Leadership ist überdies ein sehr komplexes Phänomen, das in seinem Zustandekommen und Fortbestehen von sehr verschiedenen Einflüssen und Entwicklungen bestimmt wird (siehe Teil II). Wie können wir schlechter Führung angesichts dessen nun aber praktisch begegnen? Wir wollen diese Frage zunächst so beantworten, wie sie heute in aller Regel beantwortet wird – nämlich in dem Sinne, dass es eine Aufgabe des Personalmanagements in Organisationen sei, sich des Problems anzunehmen, indem es schlechte Führer identifiziert, wenn möglich in gute transformiert, sie andernfalls konsequent aus ihrer Funktion eliminiert. Diese Verfahrensweise entspricht genau jener, die wir einleitend in unserem einfachen Bad Leadership-Bild dargestellt (siehe Abbildung 1) und die wir mythologisch mit dem Verweis auf *Nemesis* hinterlegt haben – der Rachegöttin, die die Schlechten mit ihrem gerechten Zorn zu strafen weiß. Wie soll Nemesis dabei aber konkret zu Werke gehen? Hierauf nun Antwort.

Nemesis

## Wie Nemesis Gestalt annehmen soll

Den vielleicht kürzesten Weg zur Verhinderung schlechter Führung haben vor Jahren einmal die schon angesprochenen Manfred Kets de Vries und Danny Miller gewiesen, als sie festschrieben: „Zweifellos der einfachste Weg mit diesen Managern umzugehen, ist, sie erst gar nicht einzustellen, oder falls dies misslingt, ihnen jedenfalls nicht allzu große Macht einzuräumen."[298] Diesem Verständnis folgt im Grunde auch die neuere Diskussion, deren Vorschläge natürlich differenzierter ausfallen und die den Kampf wider das Bad Leadership zuvorderst in den „Kanon guter Personalarbeit" in Organisationen aufgenommen wissen möchte.[299] In diesem Sinne „Erfolg versprechende Handlungsmöglichkeiten" lassen sich gemäß dem Gießener Personal- und Organisationswissenschaftler Frank Walter wie folgt auf einzelne Personalfunktionen zuordnen:[300]

- *Führungskräfte-Auswahl,* wobei es hier noch nicht einmal einer wirklichen Neuausrichtung bedarf, da Aspekte der guten und schlechten Führung bereits Teil einer effektiven Personal- und Führungskräfteauswahl seien.

- *Führungskräfte-Entwicklung*, was vor allem eine „systematische Aufklärung über die negativen Konsequenzen destruktiver Führung" meint, die dann auch der Fehleinschätzung entgegenwirken soll, dass schlechte Verhaltensweisen ein Mittel effizienter Führung sein könnten (siehe dazu Kapitel 10). Ebenso sollen Führungskräften „Mittel zum produktiven Umgang mit Arbeitsstress" an die Hand gegeben werden, damit ein Abgleiten in destruktive Führung (siehe Kapitel 6) verhindert werden kann.
- *Gestaltung des Arbeitskontextes*, worunter ein „fairer, von Respekt und Wertschätzung geprägter Umgang" höherer Hierarchieebenen mit den Führungskräften des mittleren Managements ebenso fällt wie eine „angemessene Gestaltung von Leistungszielen und Anreizen", wodurch eine Überforderung der Führungskräfte vermieden werden soll (siehe ebenfalls Kapitel 6). Nicht zuletzt sollte eine Organisationskultur angestrebt werden, „die neben materiellen Erfolgen (...) auch Raum für ethische Normen und Werte lässt".

Alle diese Maßnahmen sollten schließlich in eine *„Null-Toleranz-Politik gegen destruktive Führung"* integriert werden, die ihrerseits mit effektiven Sanktionsmöglichkeiten zu versehen ist.

Noch etwas umfassender fällt der Maßnahmenkatalog gegen destruktive Führung aus, den Daniel May, Jan Schilling und Birgit Schyns vorgelegt haben – allesamt Wissenschaftler, die sich in anderen Arbeiten bereits intensiv mit der Thematik befasst haben. Ihre Überlegungen zur Verhinderung einer destruktiven Führung beziehen sich auf zwei unterschiedliche Ebenen:[301]

- *Maßnahmen der Organisationsentwicklung*, insbesondere:
  - eine *Erstellung von Leitsätzen* gegen destruktive Führung, wobei diese die betreffenden Führungskräfte nicht einseitig stigmatisieren sollten, sondern neben der Beschreibung von in-/akzeptablen Verhaltensweisen der Führenden stets auch Impulse zur Stärkung der Selbstbehauptung der Geführten sowie Perspektiven für eine kooperative und kommunikative Organisationskultur umfassen sollten;
  - eine *werteorientierte Personalauswahl*, die mit der Betonung ethischer Grundsätze in der Selbstpräsentation der Organisation beginnt, woraus sich eine gesteigerte Attraktivität für „ethisch orientierte Führungskräfte" ergeben soll (siehe dazu Kapitel 9). Daneben sollten aber auch geeignete Verfahren zur Erfassung von negativen Persönlichkeitsmerkmalen, z. B. gemäß der dunklen Triade (siehe Kapitel 4), Anwendung finden;
  - eine *strategische Nachfolgeplanung*, die den Führungsnachwuchs durch Lernmöglichkeiten gut auf künftige Führungsrollen vorbereitet, wodurch gleichzeitig Stress, Frustrationserlebnisse und damit auch destruktive Führungsweisen tendenziell vermindert werden sollen.

- *Maßnahmen der Führungskräfteentwicklung*, insbesondere:
  - ein *Feedback durch Personalbeurteilung*, sei es in Form einer Bewusstmachung der Destruktivität des Verhaltens der Führungskraft durch deren Vorgesetzten, sei es in Form eines 360-Grad-Feedback, an dem dann auch Kollegen und Mitarbeiter der Führungskraft mitwirken. Wichtig dabei: Es sollte nicht zwischen der (potenziell guten) Leistung und dem schlechten Verhalten des Führenden unterschieden werden; vielmehr sollte das Verhalten als Teil der Leistung betrachtet werden;
  - ein *Feedback durch regelmäßige Mitarbeiterbefragungen*, wodurch sich die Personalverantwortlichen einen Überblick über das Ausmaß destruktiver Führung in der eigenen Organisation verschaffen können;
  - ein *Lernen am Arbeitsplatz*, das von Prozessbegleitern moderiert wird, Lernprozesse durch Rollenmodelle vorsieht und destruktiven Fehlentwicklungen so frühzeitig entgegenwirken soll;
  - ein *Mentoring und Coaching*, wobei Coaches insbesondere persönliche Auslöser und Ursachen destruktiven Führungsverhaltens herausarbeiten und angehen sollen, während Mentoren aus ihrer eigenen Erfahrung heraus Tipps und Handlungsalternativen anbieten sollen;
  - problemspezifische *Führungskräftetrainings*, um die Selbst-Bewusstheit der Führenden zu steigern, damit negative Automatismen durchbrochen werden können.

Eher als Ergänzung denn als Alternative zu solchen zentralen Personalmanagement-Aktivitäten wird zudem auch eine Begegnung des Bad Leadership auf der dezentralen Ebene angeregt, sprich: in Form eines geeigneten Copings seitens der Geführten. So stellt der Managementforscher Hoa Ma mit Kollegen[302] drei grundlegende Strategien für den Umgang mit tyrannischen Managern zur Auswahl: Die „Strategie der Duldung", die ein bestmögliches Funktionieren als Geführter ebenso vorsieht wie das Bestreben, in den inneren Zirkel des Führenden aufzusteigen, um so Teil der (schlechten) Führung zu werden (siehe dazu kritisch Kapitel 7), die „Strategie der Kündigung", die sich eigentlich von selber erklärt, sowie die „Strategie der Revolte", die, wie Ha und Kollegen freimütig einräumen, leider allzu oft zum Scheitern verurteilt ist. Unter der Überschrift „Tactics from the Pros" listet Hara Estroff Marano mehrere Verhaltensoptionen, die deutlich pragmatischer erscheinen – so etwa:[303]

- Konfrontiere den Bad Leader mit seinem Verhalten, getreu dem Motto: Zum „Dissen" gehören immer zwei!
- Suche die Auseinandersetzung möglichst in einem Vier-Augen-Gespräch, denn ein Bad Leader wird keinesfalls vor Publikum klein beigeben!
- Spiele bloß nicht den großen Psychologen und weise dem Bad Leader wissenschaftlich nach, warum er demotiviert etc.; bleibe beim Konkreten!
- Mache deutlich, welche Verhaltensweisen Du erwartest!

- Mache deutlich, wie negativ auch andere das Führungsverhalten sehen!
- Versuchs mal mit Humor!
- Je höher der Führende in der Hierarchie, desto weniger kommst Du ohne Verbündete aus!

Unter den Maßgaben "Hilf Dir selbst" und "Handle gemeinsam mit anderen" wendet sich schließlich auch Barbara Kellerman[304] an die schlecht geführten unter den Mitarbeiter und schreibt ihnen folgende Maximen ins Stammbuch:

- Ermächtige Dich selbst!
- Sei nicht einem Einzelnen, sondern stets nur dem Ganzen verpflichtet!
- Sei skeptisch und habe einen Standpunkt!
- Sei aufmerksam!
- Finde Verbündete!
- Informiere Dich unabhängig!
- Nimm die Führenden in die Verantwortung!

## HRM als Rachegöttin – kritische Anmerkungen

Kann man dem Bad Leadership auf diese Weise nun aber effektiv den Zahn ziehen? Oder in unserer Metaphorik gesprochen: Ist Nemesis so hinreichend ausgestattet, um schlechter Führung den Garaus zu machen? Zweifel hieran erscheinen angebracht und lassen sich wie folgt ausführen:

Eine gewisse Skepsis erscheint zunächst einmal mit Blick auf einzelne Aspekte des Gesamtprojektes angebracht. So etwa der Einwand, dass das Instrumentarium zur klaren Diagnose von schlechten Führern im Sinne der dunklen Triade (Narzissten, Machiavellisten, Psychopathen) längst nicht hinreichend sei, um es in den üblichen Auswahlverfahren einzusetzen. In diesem Sinne stellt beispielsweise das Theoretiker-Praktiker-Duo Rüdiger Hossiep und Olaf Ringelband[305] für die Psychopathen unter den Führenden fest, dass sich diese (a) zumeist sozial sehr geschickt anstellen und „auf Knopfdruck“ empathisch erscheinen können, weshalb zumindest intelligenten Psychopathen mit den vorhandenen Psychopathie-Fragebogen kaum beizukommen sei, dass (b) zudem die Tendenz bestehe, dass erfolgreiche Entscheidungsträger mit psychopathischen Zügen immer wieder Bewerber mit ähnlichen Zügen auswählen („Schmid holt Schmidchen“[306]), weshalb es insgesamt (c) „nur schwer zu erreichen sei, Psychopathen im Top-Management zu verhindern“.[307] Und sind sie einmal dort, dann werden sie sich als Alphatier wohl eher selten problemspezifischen Führungskräftetrainings unterziehen, mittels derer die negativen Automatismen ihrer Destruktivität durchbrochen werden sollen.[308]

Dies führt uns unmittelbar zu einem zweiten Kritikpunkt, nämlich der Frage, inwieweit Nemesis neben Neueinzustellenden und schlecht Führenden im unteren und mittleren Managementbereich tatsächlich auch oberste Führungskräfte problembezogen zu „managen" vermag. Sprich: Wie wahrscheinlich ist es, dass das Human Resource Management einer Organisation das Top-Management derselben Organisation hinsichtlich ihrer Verhaltensweisen und Zielverfolgungen (siehe Kapitel 1 und 2) kritisch bewerten darf, um – im Falle einer negativen Diagnose (z.B. feindseliges Führungsverhalten) – Schulmaßnahmen zu ergreifen und jenen Führungskräften, die sich dabei als lernresistent erweisen, schließlich ein Trennungsschreiben zu übersenden. Mancher CEO würde da sicher nicht schlecht staunen. Kurzum: Es ist davon auszugehen, dass unsere Rachegöttin wohl Teile des „Körpers" einer Organisation zu läutern vermag, schwerlich aber deren Kopf. Und da, wie gesehen, Bad Leadership sich in weiten Bereichen als ein Top-Down-Entwicklungsprozess darstellt (siehe Kapitel 6, insbesondere Abbildung 15), wird eine rein HR-gemanagte Nemesis kaum über Achtungserfolge hinauskommen.

Hiermit korrespondiert schließlich ein dritter Kritikpunkt, zu dessen Verständnis wir uns kurz der Formel erinnern müssen, der zufolge (Führungs-) Verhalten stets durch zweierlei bestimmt ist: die Person, die sich verhält, und die Situation, in der sie sich verhält (siehe Kapitel 6). Betrachtet man die eingeforderten Personalmanagement-Aktivitäten vor diesem Hintergrund, dann wird deutlich: Sie beziehen im Wesentlichen „nur" auf die Person (Detektion der dunklen Triade), umfassen hingegen kaum substanzielle Veränderungen der Führungssituation – und dies natürlich auch, weil die erforderlichen Kontextänderungen weit über das Kompetenzfeld (z.B. Vergütungssysteme für das Top-Management) wie auch die Einflusssphäre des HRM (z.B. Celebrity-Status eines CEO) hinausreichen (siehe Kapitel 5).

Fazit: Der Idee, dem Bad Leadership-Phänomen im Wesentlichen mit Personalmanagement-Aktivitäten begegnen zu wollen, kann eine gewisse Blauäugigkeit nicht abgesprochen werden. Um Missverständnissen vorzubeugen: Alle genannten Aktivitäten sind durchaus sinnvoll und sollten auch verfolgt werden. Nur: Sie sind lange nicht hinreichend, um guter Führung den Weg zu bereiten. Hierfür bedarf es deutlich größerer Anstrengungen – wie auch Auseinandersetzungen. Bevor wir uns hiermit befassen, wollen wir zuvor aber noch einen Literaturnobelpreisträger zu Wort kommen lassen – mit seiner (Quasi-)Kritik an dem, was Nemesis beabsichtigt.

## Solschenizyns Zwischenruf: Hat nicht jeder (s)eine dunkle Seite?

In der Tat – das hört man oft: Jeder Mensch hat beides, ein helle *und* eine dunkle Seite. Gerade, wo wir dieses schreiben, findet sich auf Web.de ein kurzes Video zum Thema: „Mahatma Ghandis dunkle Seite".[309] Und weil die Assoziation naheliegt, geben wir bei Google gleich auch noch ein: „Mutter Teresa, dunkle Seite": 560.000 Treffer in 0,45 Sekunden. Sind also selbst die Besten schlecht? Und wenn sie es sind, ist dann das Schlechte nicht schlicht ein konstitutiver Teil der menschlichen Natur und wir alle tragen – vielleicht zu gleichen Teilen – Gut und Böse in uns? Aber: Ist der Kampf gegen das Bad Leadership dann nicht ein Kampf gegen unsere Natur, den wir natürlicherweise niemals gewinnen können? Diese Sichtweise widerspiegelt sich sehr anschaulich in einer Passage aus Alexander Solschenizyns Roman „Der Archipel Gulag", die vielfach zitiert wird[310] und sich an dieser Stelle fast so liest, als würde der Autor die oben gelisteten Personalmanagementaktivitäten kritisch hinterfragen:

> „Wenn es nur so einfach wäre! – dass irgendwo schwarze Menschen mit böser Absicht schwarze Werke vollbringen und es nur darauf ankäme, sie unter den übrigen zu erkennen und zu vernichten. Aber der Strich, der das Gute vom Bösen trennt, durchkreuzt das Herz eines jeden Menschen. Und wer mag von seinem Herzen ein Stück vernichten? Während der Lebensdauer eines Herzens bleibt dieser Strich nicht unbeweglich, bedrängt einmal vom frohlockenden Bösen, gibt er dann wieder dem aufkeimenden Guten freien Raum. Ein neues Lebensalter, eine neue Lebenslage – und ein und derselbe Mensch wird ein sehr anderer. Einmal dem Teufel näher und dann wieder einem Heiligen."[311]

Diese Aussage ist in unserem Kontext durchaus bedeutsam, da sie – zumindest unseres Erachtens – manche Wahrheit beinhaltet, manche aber auch verfehlt. Als zutreffend erachten wir, dass das Gute und Böse im Herzen der Menschen liegt und hier von einem Strich getrennt wird. Und richtig ist, dass dieser Strich nicht ein für alle Mal festgezogen ist. Nichts anderes steht hinter der Erkenntnis, dass gute Führer schlecht werden können – durch zu viel Erfolg (siehe Kapitel 5) oder durch allzu schlechte Situationen (siehe Kapitel 6). Was wir allerdings nicht teilen, ist Solschenizyns These, dass das Gute und Schlechte bei jedem Menschen im Grunde immerfort und scheinbar beliebig Hin und Her pendelt – je nach Lebensalter, Lebenslage, mal dem Teufel näher, dann dem Heiligen, dann wieder dem Teufel. Ein willkürliches und endloses Wechselspiel also? Wir denken, dass der Strich weniger sprunghaft ist und lebenslang möglichst in eine Richtung bewegt werden sollte: Hin auf das Bessere und weg von unserer „dunklen Seite", die es mithin zu besiegen oder zumindest doch so klein als möglich zu halten gilt. Und das ist im Grunde auch das, wozu uns Philosophen von Aristoteles und Platon, bis hin zu Kant und Habermas auf ihre Weise anhalten. Wie gesagt, selbstredend können wir auf diesem Weg scheitern – weil wir der Hybris anheimfallen, der Gier, oder dem eigenen Grandiositätswahn. Und vielleicht sind manche auch von vornherein unfähig, diesen Weg überhaupt nur zu beschreiten (Psychopathen). Gleichwohl gehen wir davon aus, dass der Strich nicht nur im Herzen jedes Menschen verläuft, sondern auch zwischen den Menschen – es also jene gibt, die stark der „dunklen Triade" zuwandt sind und bleiben, und solche, die dauerhaft in entgegengesetzter Richtung unterwegs sind. Nennen wir sie – die Protagonisten der „hellen Triade". Auf sie sollten wir zur Beförderung einer besseren Führung bauen. Für Nemesis folgt hieraus: Wenn das HRM schon dabei ist, die Protagonisten der „dunklen Triade" systematisch zu identifizieren und, falls erforderlich und wo möglich, zu eliminieren, warum dann nicht gleich auch Ausschau halten nach deren Counterparts, den „hellen Triadisten" – oder wie man üblicherweise eher sagt: nach tugendhaften und integren Persönlichkeiten.

# Kapitel 9
# Der Schrei nach Integrität – oder: Von der Detektion der dunklen Triade zur Selektion der hellen Triade

*„Yes, everyday psychopaths exist. But so do everyday saints."*

Scott B. Kaufmann, Zentrum für Positive Psychologie[312]

Wie es in der Wissenschaft so ist: Nachdem die einen – Delroy Paulhus und Kevin Williams – im Jahre 2002 mit ihrem Terminus der „dunklen Triade" auf breites Interesse in Theorie und Praxis gestoßen sind (siehe Kapitel 4), greifen andere früher oder später diese Idee auf, wenden sie um 180-Grad – und „entdecken" auf diese Weise: die „helle Triade". So geschehen im Jahre 2019 durch ein Forscherquartett um den Psychologen Scott Kaufmann vom Positive Psychology Center der Universität Pennsylvania.[313]

## Die helle Triade – eine erste Skizze des Guten

Das, was Scott Kaufmann und Kollegen jüngst als „helle Triade" („Light Triad") in die Diskussion einbrachten, hat, wie sie selbst freimütig einräumen, eher explorativen denn definitiven Charakter und beinhaltet kaum mehr als einen „ersten Entwurf".[314] Im Mittelpunkt ihres Interesses steht der Typus des ganz *alltäglichen Heiligen* („Everyday Saint"), der überall – also auch in Organisationen – zu finden ist und sich wohltuend positiv von den „dunklen Triadisten" abhebt, indem er mit folgender Dreiheit aufwartet:

- *Humanismus* (Wertschätzung der Würde und des Wertes eines jeden Menschen);
- *Kantianismus* (Behandlung aller anderen jederzeit auch als Ziel, niemals als bloßes Mittel für bestimmte Zwecke[XVI]);
- *Glaube an die Menschlichkeit* (Überzeugung, dass alle Menschen im Grunde gut sind).

Interessant für die Praxis von Nemesis (siehe Kapitel 8) ist dabei insbesondere der Versuch der Autoren, diese Dreiheit messbar zu machen – was wie üb-

---

[XVI] Abgeleitet aus der sogenannten Zweckformel des Kategorischen Imperativs: „Handle so, dass du die Menschheit, sowohl in deiner Person, als in der Person eines jeden anderen, jederzeit zugleich als Zweck, niemals bloss als Mittel brauchest." (Kant 1978, S. 61)

lich vermittels eines Fragebogens versucht und wie stets mit angemessener Vorsicht zu genießen ist (siehe Kapitel 3). Die 12 Items lauten dabei wie folgt:

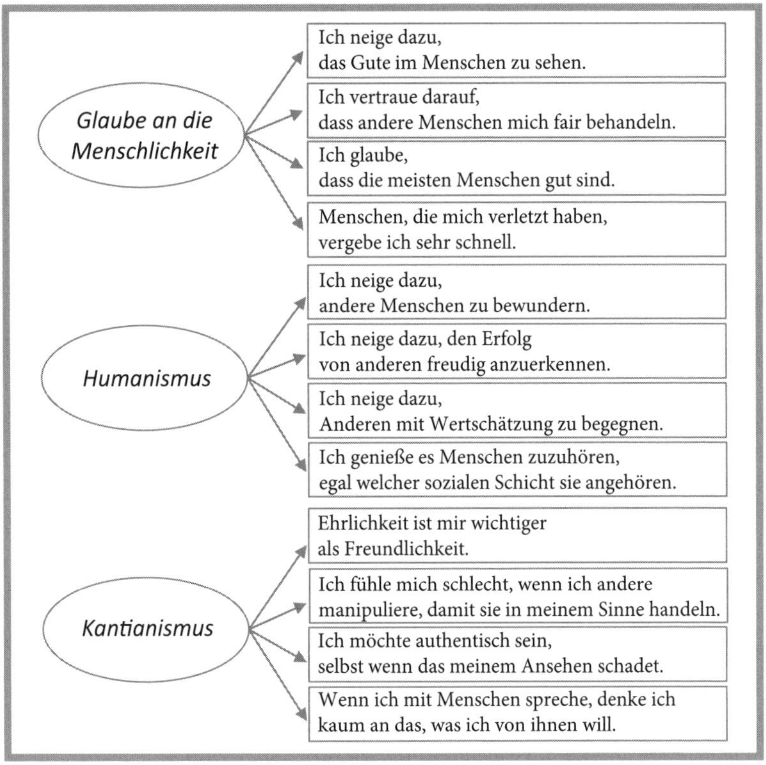


Abbildung 18: Die 12 Items der hellen Triade[315]

Nun wäre es sicher ein Irrtum, anzunehmen, dass die Suche nach dem, was einen Menschen gut macht, mit Kaufmann & Co im Jahre 2019 begonnen hätte. Diese Suche ist bekanntlich viel älter und kreist seit über 2000 Jahren weniger um eine Triade als vielmehr um eine Tetrade, ein Viergespann[316].

## Die Kardinaltugenden – der klassische Entwurf des Guten

Auch wenn der Begriff der Tugend heute sicher nicht mehr tief verankert ist im täglichen Sprachgebrauch – in der wissenschaftlichen Diskussion über Ethik im Allgemeinen und Führungsethik im Besonderen erfreut er sich anhaltender Beliebtheit und Bedeutung. Tugendhaftigkeit als Ideal zielt dabei auf die Entwicklung eines guten und starken, oder wem das nicht hinreicht: eines exzellenten oder vortrefflichen[317] Charakters und gilt dabei als der

Ursprung und die Voraussetzung allen guten menschlichen Handelns.[318] Nur tugendhafte Menschen vermögen das Richtige vom Falschen zu unterscheiden und – von nicht minderer Bedeutung – besitzen auch die Kraft, gemäß diesem Vermögen zu handeln. In diesem Sinne definierte Thomas von Aquin[319] die Tugend einst als das, „was den, der sie besitzt, in seinem Sein und Handeln gut macht". Wichtig zu vermerken, dass man Tugend nicht einfach besitzt (oder nicht), sondern ein solcher Charakter entwickelt und gewahrt werden muss, im Zuge einer moralischen Erziehung[320] und später dann in Form einer andauernden (lebenslangen) Übung und Praxis[321]. Tugend ist damit eine „erworbene menschliche Fähigkeit"[322], die auf das „Richtigsein des Menschen"[323] abzielt und für den, der sie entwickelt und besitzt, letztlich Harmonie mit sich selbst und Glückseligkeit bedeuten soll.

Ihren bis heute vermutlich bekanntesten Ausdruck findet die Tugendethik in den sogenannten *Kardinaltugenden*, die ursprünglich von Platon und Aristoteles benannt und inhaltlich bestimmt wurden, aber auch danach immer wieder aufgegriffen und zeitgemäß neuinterpretiert wurden, so etwa herausragend von Josef Pieper[324], auf den wir uns hier vorrangig beziehen, oder jüngst auch von Julian Nida-Rümelin[325] im Gestaltungszusammenhang einer humanen Ökonomie. Weil es sich im Spannungsfeld von guter und schlechter Führung – und auch darüber hinaus in unserem Leben insgesamt – einfach besser navigieren lässt, wenn man eine gewisse Vorstellung von diesen Tugenden hat, seien sie hier angemessen kurz skizziert:

- *Klugheit*: Sie gilt als die „Gebärerin" aller weiteren Kardinaltugenden, d.h. nur wer klug ist, kann auch gerecht, tapfer und maßvoll sein. Die Klugheit „informiert" also über das Richtige.[326] Ohne Klugheit stehen alle weiteren Tugenden in Gefahr, ihre „goldene Mitte" zu verlieren, wodurch beispielsweise Tapferkeit zu Feigheit oder Tollkühnheit, Selbstbewusstsein zu Eitelkeit oder Selbsterniedrigung, Bescheidenheit zu Schüchternheit oder Unverschämtheit ausarten kann.[327] In inhaltlicher Hinsicht steht die Klugheit für „das vollendete Können wirklichkeitsgerechter Entscheidung", mithin für den „Inbegriff ethischer Mündigkeit [die, wohl zu bedenken, die 'Belehrbarkeit' nicht ausschließt, sondern in sich enthält]"[328]. Der Kluge hört insofern nach innen, auf sein Gewissen, aber auch nach außen, was ihm an wichtigem Wissen und guten Gründen von anderen zugetragen wird.
- *Gerechtigkeit*: Die Notwendigkeit zur Gerechtigkeit folgt unmittelbar daraus, dass „das Unheil der Welt zwar viele Namen hat, vornehmlich aber den der Ungerechtigkeit"[329]. Ungerecht bedeutet dabei, dass dem Menschen das Seine vorenthalten oder genommen wird, und zwar nicht durch Unglück, sondern durch andere Menschen, die hieraus persönlichen Nutzen ziehen.[330] Die Tugend der Gerechtigkeit steht damit für einen „Gedanken von äußerster Einfachheit", nämlich „dass

jedem das Seine zu geben sei".[331] Gerechtigkeit hat also stets mit den Anderen zu tun, gibt dem Zusammenleben der Menschen eine gute Ordnung und fordert vom Einzelnen, dass er von sich selber und seinen Eigeninteressen abzusehen vermag.[332] Gefordert werden kann dabei zuletzt auch, dass der Gerechte anderen auch das Nicht-Zustehende zugesteht – denn, so Josef Piper, „Gerechtigkeit ohne Barmherzigkeit ist Grausamkeit."[333]

- *Tapferkeit*: Jenseits des klassischen, eher martialischen Verständnisses steht Tapferkeit heute insbesondere für die Fähigkeit des Einzelnen, sich sein Handeln in unangenehmen, vielleicht sogar schrecklichen Situationen nicht von der Furcht diktieren zu lassen, sondern (zivil-)couragiert dafür einzustehen, was die Klugheit befiehlt. Tapferkeit bedarf es also auch und gerade unter widrigen Umständen und äußert sich dann in dem Mut, eigene Einsichten und Überzeugungen auch gegen den Widerstand von anderen (den Mächtigen, der Mehrheit) zu vertreten.[334] Klar zu sehen ist dabei, dass wirkliche Tapferkeit nur dort entstehen kann, wo auch eigene Verwundbarkeit gegeben ist.[335]
- *Mäßigung*: Um diese Tugend richtig zu verstehen, erscheint es erst einmal wichtig, sie nicht so (miß-) zu verstehen, wie wir dies heute zumeist tun – sei es als reine Mäßigung im Essen und Trinken, als etwas lediglich verneinendes (Einschränkung, Zügelung, Kandare) oder als Warnung vor jeglichem Überschwang.[336] Vielmehr gilt: Zielsinn der Mäßigung ist die innere Ordnung des Menschen, aus der eine „Ruhe des Gemüts" entsteht, die ihrerseits die Selbstbewahrung des Einzelnen ermöglicht. Mäßigung ist damit die einzige Kardinaltugend, die sich nicht immer auch auf die anderen, sondern vielmehr fast ausschließlich auf den nach Tugend Strebenden selbst bezieht.[337]

## Integrität – die neue Supertugend

Jenseits der Kardinaltugenden gibt es aktuell noch eine weitere (Super-) Tugend, von der eine offenkundig besondere Faszination ausgeht, nämlich die der *Integrität*. Ein schönes Beispiel für die ungeheure Strahlkraft, die von diesem Begriff ausgeht, schildert der Stephen Carter, Professor an der Yale Univesity, in seinem Buch zum Thema „Integrity": „Vor einigen Jahren, als ich an einer Universität meine Rede anlässlich der dortigen Abschlussfeier begann, sagte ich, dass ich über Integrität sprechen würde. Die Menge brach daraufhin in Applaus aus. Applaus! Nur weil sie das Wort Integrität gehört hatten."[338] Hieran hat sich bis heute kaum etwas geändert. Die schiere Popularität des Begriffs vergegenwärtigt sich dabei nicht zuletzt auch darin, dass er auf breiter Front Einzug in die Führungsdiskussion gefunden hat und mittlerweile ungezählte Organisationen auf ihren Websites versichern, dass sie über eine ausgeprägte und nachhaltige „Organizational Integrity" verfügen. Und Volkwagen hat nach dem Dieselskandal auch gleich einmal einen Vorstand für „Integrität und Recht" bestellt.

Was genau bedeutet Integrität nun aber? In einer wegweisenden Untersuchung zum Thema kamen die US-amerikanischen Leadership-Forscher Michael Palanski und Francis Yammarino[339] zu dem Ergebnis, dass es verschiedene Verständnisse von Integrität gibt, die jedoch aufeinander bezogen werden können. Die für uns wichtigsten lassen sich dabei wie folgt benennen und erläutern:

- *Entsprechung von Worten und Taten* („Word/Action Consistency"). Diese ist gegeben, wenn die Werte, die man vertritt, in Einklang stehen mit den Handlungsweisen, die man vollzieht. Umgekehrt gilt: Überall dort bzw. immer dann, wenn wohlfeile Worte (Rhetorik) so gar nicht mit den realen Taten übereinstimmen wollen, liegt quasi das Gegenteil von Integrität vor. Zu sprechen wäre dann von Heuchelei oder Scheinheiligkeit.
- Die Entsprechung von Worten und Taten ist zwar eine notwendige, nicht aber eine hinreichende Voraussetzung für Integrität. Denn Konsistenz im Denken, Reden und Handeln lässt sich problemlos auch bei diktatorischen, tyrannischen, narzisstischen und anderen Spielarten des Bad Leadership beobachten.[340] Wenn derlei Führende beispielsweise Drohungen aussprechen und ihre Drohungen dann wahr machen, dann handeln sie konsistent, aber sicher nicht integer. Ein zweites unabdingbares Merkmal von Integrität ist deshalb die persönliche *Moralität* („Morality/Ethics"). Hierunter versteht man das Bemühen einer Person, nicht nur sich selbst, sondern auch allen anderen gegenüber gerecht werden zu wollen, gleichsam also einen vernünftigen Ausgleich zwischen divergenten und häufig eben auch konfligierenden Interessen anzustreben. Integrität verweist dann auf die regelmäßige Notwendigkeit zu dem, was in der Ethik gemeinhin als *„Güterabwägung"* bezeichnet wird: „Den komplexen Deliberationsprozess, bei dem Vor- und Nachteile der einzelnen Optionen gegeneinander gestellt und auf ihr relatives Gewicht hin untersucht werden."[341] Moralische Deliberationsprozesse sollten in fairen Kompromissen münden, in keinem Falle jedoch eine nicht begründbare Vorteilsnahme der einen „Güter" (sprich: Interessen) auf Kosten der anderen darstellen (siehe dazu Kapitel 2).
- Ein drittes wichtiges Merkmal der Integrität ist die sog. *Standhaftigkeit im Angesicht von Widerständen* („Consistency in Adversity"). Dahinter steht der Umstand, dass es mitunter schwierig werden kann, seinen moralischen Werten und Überzeugungen gemäß zu handeln. Gründe hierfür können sein, dass (a) andere, uns moralisch als vergleichsweise falsch erscheinende Handlungen mehr Erfolg und höhere Belohnung versprechen, bzw. (b) jene Handlungen, die uns moralisch richtig und

> geboten erscheinen, schlechterdings mit (teilweise erheblichen) persönlichen Nachteilen verbunden sind. Integrität bedeutet dann, auf mögliche Vorteile zu verzichten bzw. bestimmte Nachteile sehenden Auges in Kauf zu nehmen. In diesem Sinne stellt der Publizist Skip Worden fest: „Wichtigstes Kennzeichen der Integrität ist die uneingeschränkte Treue zu ethischen Prinzipien im Angesicht von Widrigkeiten oder Verlockungen, was mit hohen persönlichen Kosten einhergeht."[342]

Eingedenk dessen wird auch nochmals erkennbar, dass Integrität – wie alle Tugenden – nichts ist, dass man, wenn man es einmal besitzt, unweigerlich auch für immer behält. Die Erfahrung lehrt vielmehr: Integrität ist ein höchst fragiles Gut. So wie man sie in einem (lebens-)langen Prozess entwickeln und wahren muss, so kann man sie in kurzen Momenten (der Versuchung und fatalen Entscheidung) nachhaltig zerstören. Berücksichtigt man des Weiteren noch den ebenfalls nicht unwichtigen Aspekt, dass natürlich auch Integrität kein objektives Datum, sondern stets eine *Selbstzuschreibung* („Bin ich integer?") und eine *Fremdzuschreibung* („Ist diese Person integer?") beinhaltet (die beide nicht notwendigerweise übereinstimmen müssen), dann lässt sich folgende Kurzübersicht herleiten.[343]

| Integrität als Selbstzuschreibung | | Integrität als Fremdzuschreibung | |
|---|---|---|---|
| positiv | negativ | positiv | negativ |
| Selbsttreue, Rechtschaffenheit | Entfremdung | Unbestechlichkeit, Unbescholtenheit | Bestechlichkeit, Scheinheiligkeit |

Abbildung 19: Integrität im Spannungsfeld von Selbst- und Fremdzuschreibung[344]

## Die gute Führungspersönlichkeit – ein Psychogramm

Der skizzierte Entwurf zur „hellen Triade" wie auch die vorgestellten Überlegungen zu Tugendhaftigkeit und Integrität bilden nach unserem Dafürhalten einen angenehmen Kontrast zu all den schlechten Eigenschaften, die wir unter dem Signum des Bad Leadership kennengelernt haben (Narzissmus, Machiavellismus, Psychopathie, Hybris, Gier). Bezieht man diese Konzeptionen einer guten (Führungs-)Persönlichkeit aufeinander, dann zeigen sich recht enge Bezüge: So steht die geforderte Entsprechung von *Worten und Taten* in einiger Nähe zur Tapferkeit, während die vor allem durch die Fähigkeit zur

Güterabwägung und zum Interessenausgleich ausgezeichnete *Moralität* weithin den Kardinaltugenden der Klugheit und Gerechtigkeit entspricht. Und die *Standhaftigkeit im Angesicht von Widerständen* ist schließlich erkennbar eine andere Umschreibung für Tapferkeit, wobei der bewusste Verzicht auf Mögliches oder Gegebenes infolge Standhaftigkeit auch auf die Fähigkeit zur Mäßigung verweist. Wer immer nun auf die Karte „Good Leadership" setzen möchte, der sollte also nach Führungspersönlichkeiten mit einem solchen Psychogramm Ausschau halten, da dieses den beiden zentralen Ausdruckformen des Bad Leadership (siehe Kapitel 1 und 2) wenig Raum geben sollten:

- So sollten feindselige, aggressive und destruktive Verhaltensweisen bei Führenden weitgehend ausgeschlossen sein, die sich zu mäßigen wissen, innere Ordnung besitzen und über eine „Ruhe des Gemüts" verfügen.
- Zudem sollten tugendhafte bzw. integre Führungskräfte aber auch dagegen gefeit sein, Führung als Dienst an den eigenen Interessen zu missdeuten bzw. Führung auf Kosten vor allem der Mitarbeiter zu betreiben und so systematisch Gewinner und Verlierer zu produzieren. Stattdessen sind gute Führende in der Lage, Führung im Spannungsfeld verschiedener Interessen zu begreifen, auf einen klugen und gerechten Ausgleich zwischen diesen Interessen hinzuwirken und im Zweifel die eigenen Interessen hinten anzustehen zu lassen.

Genau dieses hatte die renommierte Führungsethikerin Joanne Ciulla wohl vor Augen, als sie festschrieb: "Es ist das Charakteristikum einer Führungsaufgabe in der Wirtschaft oder in jedem anderen Kontext, dass ihre genuine Tätigkeit gewöhnlich verlangt, mehr für die Interessen von Fremden Sorge zu tragen, als für die eigenen."[345] Genau diese Sorge und Verantwortung gegenüber den Anderen erscheint in heutiger Zeit allerdings fast schon ein wenig weltfremd, lautet die ebenso forsche wie falsche Maxime unseres (neo-)liberalen Zeitgeistes doch vielmehr: „Handle strikte eigennützig, dann ist allen am besten gedient!" Oder – für den Cineasten – mit Gordon Gecko aus dem Film „Wall Street" gesprochen: „Gier ist gut!" Oder wie es der Wirtschafts*ethiker* (!) Christoph Lütge in seinem Lehrbuch (!) in verstörender Weise formuliert: „Man kann das Eigeninteresse – innerhalb einer geeigneten Rahmenordnung – gewissermaßen als eine 'moderne Form der Nächstenliebe' begreifen (...). Es gilt also nicht mehr der traditionelle Gegensatz zwischen gutem, altruistischem Verhalten und schlechtem Egoismus."[346] Wenn wir unseren Studenten jetzt schon beibringen, dass Ethik sich in Egoismus erschöpft, dann kann man verstehen, was George Brenkert[347], ein anderer Wirtschaftsethiker, ausmacht: Einen eklatanten Mangel an persönlicher und organisationaler Integrität allenthalben, dessen Wahrnehmung sich in einem „Schrei nach Integrität" Luft macht. Schön wäre es, wenn diesem Schrei auch eine gezielte Suche nach integren Führungspersönlichkeiten in unseren Organisationen folgen würde.

## Auf der Suche nach besseren Geführten

Es klingt zwar einfach, ist aber dennoch richtig: Wenn wir dem Bad Leadership begegnen wollen, dann ist es schlicht sinnvoll nach „hellen" (integren, tugendhaften) Führungskräften Ausschau zu halten und diese in (möglichst hohe) Position zu bringen. Dieses Bestreben sollte uns allerdings nicht davon abhalten, gleichzeitig auch eine zweite Strategie zu verfolgen. Diese gründet auf der Erkenntnis, dass Bad Leadership eben auch Folge eines Bad Followership sein kann, das sich aus verschiedenen Typen von schlechten Geführten speist (siehe Kapitel 7). Von daher macht es Sinn, auch bei den Geführten anzusetzen, um der Bad Leadership-Gefahr „bottom-up" zu begegnen. Da die Führungsforschung sich traditionell allerdings weitgehend auf die Person des Führenden kapriziert, liegen bis heute nur vergleichsweise wenige Beiträge vor, die sich (a) dem Followership allgemein widmen[348] bzw. (b) dieses aktiv gegen ein Bad Leadership in Stellung bringen wollen. Zu den letztgenannten sind insbesondere folgende Überlegungen zu zählen:

Das Konzept des „*Mutigen Geführten*" („Courageous Follower") wurde von dem Publizisten Ira Chaleff[349] in seinem gleichnamigen Buch im Jahre 2009 vorgestellt und unterscheidet fünf Dimensionen einer „mutigen Gefolgschaft", von denen der *Mut zum moralischen Handeln* hier natürlich am wichtigsten erscheint:

- *Mut zur Verantwortungsübernahme*, das heißt persönliche Sicherheit und Entwicklung, aber auch die Erlaubnis zum Handeln werden keineswegs nur vom Führenden erwartet, sondern auch „in Eigenregie" gewährt.
- *Mut zum Dienen*, sprich: ein hohes Arbeitsengagement, um den Führenden zu entlasten und gemeinsame Ziele bestmöglich zu erreichen.
- *Mut zur Herausforderung*, im Sinne der Fähigkeit zur konstruktiven und aktiven Kritik im Falle von Führungsentscheidungen und -handlungen, die sachlich als falsch beurteilt werden.
- *Mut zur Mitwirkung an Veränderungen*, also aktive Mitgestaltung bei Transformationsprozessen, deren Notwendigkeit anerkannt wird.
- *Mut zum moralischen Handeln*, und zwar ausgehend vom Wissen, wann es an der Zeit ist, sich aus ethischen Gründen vom Führenden abzugrenzen und dann beispielsweise einer direkten Anweisung nicht Folge zu leisten, Vorkommnisse an höhere Ebenen zu melden oder gar zum Whistleblower zu werden – dies alles im Bewusstsein, dass dieser Mut von hohen persönlichen Risiken begleitet ist. Wer hier beispielsweise an Edward Snowden denkt, der dürfte nicht völlig verkehrt liegen.

Mit dem sogenannten „*Mut am Arbeitsplatz*" („Workplace Courage") haben James Detert und Evan Bruno[350], beide von der University of Virgina, einen weiteren Ansatz zum Good Followership vorgestellt. „Mut am Arbeitsplatz" definieren sie dabei als „eine arbeitsplatzbezogene Handlung, die aus wertvollen Überlegungen heraus und ungeachtet wahrgenommener Risiken im Moment der Handlung erfolgt."[351] Die *wahrgenommenen Risiken* können dabei sehr unterschiedlich dimensioniert sein, also physischer (z.B. Verletzungen), sozialer (z.B. Ausgrenzung), ökonomischer (z.B. Kündigung, Karrierehemmnis) oder psychologischer (z.B. Schuldgefühle) Natur sein. Zu den *wertvollen Überlegungen*, die die mutigen Handlungsweisen auslösen, zählen die Autoren bewusst keine eigennützigen Kalküle, sondern ausschließlich moralische Erwägungen, die also mehreren Personen oder der Gesellschaft insgesamt dienlich sind. Einfach, aber aufschlussreich hinsichtlich der empirischen Bedeutung eines solchen Mutes in Organisationen ist die Google-Abfrage der Forscher, die 1,4 Millionen Treffer für den Begriff „Courage" ergab, aber lediglich 113 Treffer für den Begriff „Organizational Courage".[352]

Gewissermaßen als Konsequenz ihrer Auseinandersetzung mit der Frage, warum wir zerstörerischen Chefs und korrupten Politiker folgen (siehe Kapitel 7), entwickelt Jean Lipman-Blumen[353] die Vorstellung vom *„Finden des Führers in sich selbst"* („Finding the Leader within"). In diesem Zusammenhang betont sie im Besonderen folgende Aspekte:

- *„Einschreibung in die Schule der Ängstlichkeit"*: Mit dieser, dem dänischen Philosophen Sören Kierkegaard entliehenen Umschreibung betont Lipman-Blumen, dass jene Ängste, die Führung „von oben" den Geführten üblicherweise nimmt, im Zuge einer (inneren) Befreiung von äußerer Führung unweigerlich auf die Befreiten selbst zurückfallen. Umgekehrt resultiert aus diesem Prozess aber auch eine Stärkung der eigenen Identität und Authentizität sowie des persönlichen Mutes.
- *Beförderung „demokratischer Organisationen"*: In dem Maße, in dem aus abhängigen Geführten unabhängig denkende und handlungsaktive „Organisationsbürger" werden, steigt auch die Anzahl der mündigen Persönlichkeiten in Organisationen. Für letztere entsteht damit die Möglichkeit (oder Pflicht), sich in „demokratische Organisationen" zu wandeln und nicht länger von wenigen Führern abhängig zu sein.
- *Zurückweisung der „Wir/Ihr-Unterscheidung"*: Finden Geführte den „Führer in sich selbst" und entwickeln sie sich zu mündigen Organisationsbürgern, dann ist die gängige Unterscheidung zwischen Führenden und Geführten hinfällig – was für die (aktuell) Führenden bedeutet, ihre Macht und Autorität mit ihren (neuen) Mit-Führenden zu teilen.

Diese Überlegung fügt sich sehr schön mit einer hochaktuellen Richtung innerhalb der Führungsforschung, die als geteilte Führung (*„Shared Leadership"*) bezeichnet werden kann (alternative Begriffe: „Distributed Leadership", „Collective Leadership", „Plural Leadership"[354]) und in ihrem Kern auf nicht weniger als einen fundamentalen Wandel in der Grundauffassung (Paradigmenwechsel) von Führung hinausläuft.[355] Geteilte Führung versteht sich als Gegenposition zur „heroischen Führung" bzw. zur herrschenden Vorstellung, wonach Führung stets nur von einzelnen und positional ausgewiesenen Personen ausgeübt wird.[356] Vertreter des Shared Leadership[357] gehen demgegenüber davon aus, dass – zuvorderst effektive[358], letztlich aber auch ethisch gute[359] – Führung zunehmend als ein kollektiver, dynamischer und multidirektionaler (Gruppen-)Prozess anzulegen ist, an dem die (vormals) Geführten als kompetente, verantwortliche und verantwortungsbewusste Mit-Führende („Coleader") systematisch beteiligt sind.[360] Pointiert formuliert – und inhaltlich systematisiert (siehe Abbildung 20) – verweist geteilte Führung damit auf einen Übergang von einer im Grunde heroischen Führung hin zu einer post-heroischen Führung.

| Heroische Führung | Postheroische Führung |
|---|---|
| • eine einzige, verantwortliche Führungskraft<br>• Fokussierung auf die hierarchisch sichtbaren Helden<br>• Bewertung der Geführten als minderwertige und austauschbare „Drohnen"<br>• Jegliches Wissen vergegenwärtigt sich im Führenden<br>• der Führende muss sichtbar in Erscheinung treten<br>• Gefährdung der Organisation im Falle eines Ausscheidens des Führenden<br>• Führung gründet auf Individualismus, Kontrolle, Selbstbewusstsein, Durchsetzungskraft und Dominanz<br>• Vorherrschendes Verständnis von Effektivität: „Dinge produzieren"<br>• Maskulinität<br>• Fokussierung auf Personen<br>• Statische Rollen | • die Mitwirkung der Geführten am Führungsprozess ist anerkannt<br>• Geführte als kompetente und verantwortungsbewusste Personen<br>• Führende ermutigen zur Innovation und Partizipation<br>• konsensuale Entscheidungsprozesse<br>• der Führende wird ersetzbar<br>• Einführungsvermögen, ein Gefühl der Verletzbarkeit sowie Fähigkeiten zur gemeinsamen Überlegung und Entscheidungsfindung werden bedeutsam für den Führungsprozess<br>• Vorherrschendes Verständnis von Effektivität: „Menschen entwickeln"<br>• Femininität<br>• Fokussierung auf Kooperation und Aktion<br>• Dynamische und gemeinschaftliche Konstruktionen |

Abbildung 20: Heroische versus postheroische Führung[361]

Dass das Selbstverständnis der Geführten von ihrer Bedeutung und Rolle im Führungsprozess erhebliche Auswirkungen auf die ethische Qualität ihres Followerships hat, veranschaulicht eine Studie von Melissa Carsten und Mary Uhl-Bien[362]. In dieser erhielten die Teilnehmer unethische Anweisungen – konkret: Sie wurden mit der Untersuchung eines technischen Problems bei einem Luxusauto betraut und kurz nach Beginn ihrer Arbeit von ihrem Vorgesetzten angehalten, vorliegende Daten zu fälschen, um so ein günstigeres Gesamtergebnis zu erhalten. Es zeigte sich, dass vor allem jene Probanden dieser unethischen Anweisung folgten, die ein „heroisches" Führungsverständnis hatten, alle Verantwortung also beim Führenden und sich selbst in einer Position sahen, wo man besser keine Fragen stellt. Teilnehmer, die ein eher „post-heroisches" Führungsverständnis mitbrachten und sich folglich als Partner im Führungsprozess einstuften, zeigten demgegenüber weit häufiger konstruktiven Widerstand und folgten der Anweisung nicht. Fazit: Dem Bad Leadership kann zweifellos auch begegnet werden, indem wir die Macht des Leaders in unseren Köpfen beschneiden und uns gedanklich auf Augenhöhe mit den Führenden bringen. Wir sollten also nicht nur im Privaten bestrebt sein, uns durch Vernunft und Verantwortung auszuzeichnen und dadurch vielleicht auch vorbildhaft (z.B. für unsere Kinder) zu sein; vielmehr sollten wir dasselbe auch in unserem Beruf versuchen – hier also nicht nur fachlich hervorragend sein, sondern auch moralisch! Den schlechten Führern würde das jedenfalls nicht gefallen.

# Kapitel 10
# Die Schlechten raus, die Guten rein – oder: Es könnte alles so einfach sein (isses aber nicht!)

*„Eine selbstsüchtige Führungskraft (kann) genauso effektiv und erfolgreich sein (...) wie eine gute, helle und prosozial orientierte Führungskraft.“*

Marco Furtner, Führungsforscher[363]

Mit den vorangegangenen Ausführungen zur Frage, wie einer schlechten Führung begegnet werden sollte, könnten wir uns eigentlich zufriedengeben und unsere Arbeit folglich an dieser Stelle beenden. Denn wir lieferten hier bereits eine Art „Extended Version“ der gängigen Vorschläge zur möglichen Verbesserung der Führung. Soll heißen: Wir folgten zunächst der üblichen Argumentation, die dem einfachen Bad Leadership-Bild entspricht (siehe Abbildung 1) und dazu auffordert, alle schlecht Führenden mittels geeigneter Verfahren zu identifizieren und aufgrund ihrer schädlichen Wirkungen für Geführte und Organisation zu sanktionieren (siehe Kapitel 8). Über diese Sichtweise gingen wir insofern noch hinaus, als wir das mit alledem betraute Personalmanagement zusätzlich dazu anhielten, „bei der Gelegenheit“ doch gleich auch nach den erforderlichen „hellen“ (tugendhaften, integren) Führungskräften Ausschau zu halten, damit diese unmittelbar jene Führungspositionen besetzen können, die von den schlecht Führenden zuvor zwangsweise geräumt wurden (siehe Kapitel 9). Salopp formuliert: Also nicht einfach nur die Schlechten raus, sondern möglichst gleich auch die Guten rein! Die Frage dabei: Kann es mit dieser *Doppelstrategie* tatsächlich gelingen, dem Bad Leadership-Phänomen wirksam zu begegnen und es womöglich in halbwegs überschaubarer Zeit dann gleich auch der Vergangenheit angehören zu lassen? Oder mit eher skeptischem Unterton formuliert: Lässt sich das Problem einer schlechten Führung dann doch derart leicht lösen? Wir denken: Eher nein! Die Gründe hierfür können pragmatischen Ursprungs sein, sprich: das Personalmanagement könnte von Seiten seines Instrumentariums und seines Know-hows tatsächlich vielleicht noch nicht soweit sein, dass es seinen Detektions- und Selektionsauftrag zur vollsten Zufriedenheit der Unternehmensführung erledigen kann. Es könnte also am *„Können“* hapern. Dies mag so sein. Allerdings kann hieran gearbeitet werden und bei tatsächlichem Wollen sollten Fortschritte und Erfolge in der Zeit absolut möglich sein. In dieser Überzeugung werden wir auf diesen Problembereich nicht nochmals näher eingehen. Bedeutsam erscheint vielmehr der zweitgenannte Aspekt: das „*Wollen*" von Organisationen, dem Bad Leadership-Phänomen entschieden den Kampf anzusagen. Denn ein unbedingtes „Wollen" setzt voraus, dass gute Führung als zentraler Erfolgsfaktor und schlechte Führung entsprechend eindeutig als bedeutsamer Misserfolgsfaktor eingestuft wird. Umgekehrt: Je weniger dies der Fall ist, desto verhaltener wird der Kampf gegen das Bad Leadership ausfallen. Oder im Extrem: Warum sollte einem Bad Leadership begegnet werden, wenn es verglichen mit einem Good Leadership erfolgversprechender erscheint? Diese Hypothese ist einstweilen natürlich Unsinn, weil sie ja in keiner Weise der Light Side of Leadership entspricht. Was aber, wenn die Light Side of Leadership ein Irrglaube ist, eine Ideologie?

## Alles nur Leadership Bullshit!

„Leadership BS" lautet der Titel eines Buches von Jeffrey Pfeffer[364], einem ebenso renommierten wie kritischen Führungsforscher der Stanford Graduate School of Business. Das Kürzel „BS" steht dabei für: „Bullshit" – und als genau das betrachtet Pfeffer die üblichen Messages, die die milliardenschwere Leadership-Industrie in Form von Büchern, Artikeln, Vorträgen, Konferenzen oder auch In-House-Seminaren in die Welt hinausträgt und die da lauten: Führende sollen stets vertrauenswürdig sein, authentisch und wahrhaftig, sie sollen sich durch Bescheidenheit auszeichnen und als Diener der Geführten wirken, reichlich über Empathie und soziale Intelligenz verfügen – und dergleichen mehr. Dann – und nur dann – werden sie als Führende erfolgreich sein.[365] Das, so Pfeffer, seien nun aber nichts anderes als reine „Feel-Good Stories"[366], die unreflektiert der Light Side of Leadership bzw. der „Logik" frönen:

Gute Führer -> fleißige Geführte -> erfolgreiche Institutionen

Angesichts dieser harmonischen („win-win-win") Weltsicht platzt Pfeffer gewissermaßen die Hutschnur und er dekliniert in seinem Buch kapitelweise durch, warum *Bescheidenheit* im Führungsprozess nichts bringt, warum *Authentizität* so ziemlich das Letzte ist, was Führende brauchen, warum *Wahrhaftigkeit* an den Realitäten vorbei geht und warum *Vertrauenswürdigkeit* eher Nachteile als Vorteile mit sich bringt. Und, so Pfeffer weiter, wenn die guten Eigenschaften alle nichts bringen, dann ist es nur konsequent, in den schlechten die wahren Erfolgsgaranten zu sehen: „Wer erfolgreich sein will, darf nicht bescheiden sein, sondern muss möglichst viel Eigenwerbung machen. Und Lügen sind nicht nur allgegenwärtig, sondern auch sehr effektiv."[367] Kurzum: „Wer erfolgreich sein will, muss fies sein."[368]

Die allgemeine („Nemesis"-)Forderung, dass das Personalmanagement die moralisch guten Führer befördern und die schlechten bestrafen sollte, kommentiert Pfeffer denn auch eher verächtlich: Selbstredend könnten Organisationen flächendeckend dazu übergehen, bescheidene, ehrliche, authentische und wahrhaftige Menschen in Führungspositionen zu bringen. Tun sie aber nicht! Vielmehr ist eine anhaltende Präferenz für das glatte Gegenteil unverkennbar: für unbescheidene und unehrliche, grandiose und narzisstische Führer. Und eben diese Präferenz sei geschuldet der Tatsache, dass „dunkle" Führer in aller Regel schlicht erfolgreicher seien als deren „helle" Counterparts.[369]

So verständlich das Bedürfnis von Pfeffer, den in der Tat ja extrem konfliktbefreiten und harmoniedurchtränkten Kernbotschaften („Feel-Good Stories") der Leadership-Industrie einmal kritisch auf den Grund zu leuchten, so überzogen könnte es allerdings auch sein, nun kurzerhand alle Spielarten der Schlechtigkeit von Führenden als Erfolgsfaktoren zu deklarieren. Denn damit wird im Grunde lediglich eine simplifizierende Sichtweise („Gut ist erfolgreich!") durch eine andere („Schlecht ist erfolgreich!") ersetzt. Und es erscheint damit an der Zeit, diese einfachen Sichtweisen ein Stück weit hinter sich zu lassen und eine differenziertere Vorstellung darüber zu gewinnen, in welcher Beziehung gut und schlecht im Führungskontext tatsächlich zueinanderstehen. Der erste Schritt hierzu lautet: Abschied nehmen – und zwar von der Light Side of Leadership, damit diese dorthin heimkehren kann, wo sie hingehört, ins Reich der Mythen.[370]

## Der schwere Abschied von der Light Side of Leadership

Die Light Side of Leadership ist sowas wie der Heilige Gral unserer alltäglichen Vorstellung von Führung. Für die Führungsforschung und -lehre gibt sie das herrschende Paradigma, dem zu widersprechen fast schon einem Sakrileg gleichkommt. Inhaltlich gleicht sie einer Medaille mit zwei Seiten: Auf der Vorderseite steht die Behauptung, dass Führungserfolg – neben anderem (z.B. Fachkompetenz) – in jedem Falle auch auf der Voraussetzung beruht, dass der Führende im ethisch-moralischen Sinne gut ist und gut handelt, was inhaltlich dann je nach Forschungstrend unterschiedlich konkretisiert wird (z.B. Authentizität, Ehrlichkeit, Bescheidenheit, Uneigennützigkeit). Die Rückseite der Medaille steht für die entgegengesetzte Behauptung: Ein Führender, der diese Voraussetzung nicht erfüllt, sondern weithin unethisch bzw. unmoralisch ist, denkt, handelt und wirkt (konkret:

lügt und betrügt, eigennützig agiert und andere ausnutzt, usf.), kann niemals erfolgreich sein – dies allenfalls noch versehen mit dem Vermerk: zumindest nicht auf Dauer! Das Ganze sieht dann in etwa wie folgt aus (Abbildung 21):

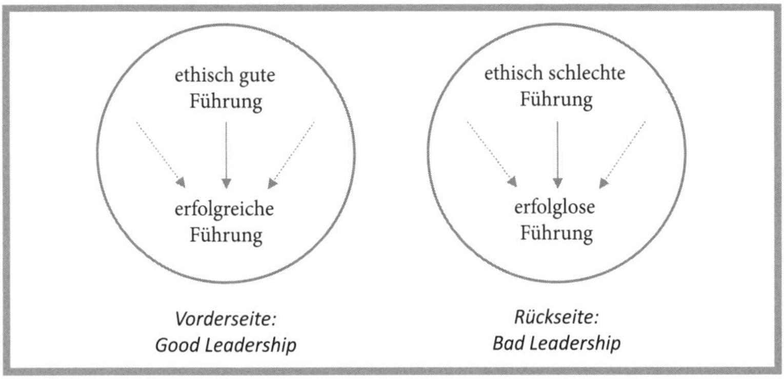


Abbildung 21: Die Light Side of Leadership – zwei Seiten derselben Medaille

Diese Sicht der (Führungs-)Welt ist überaus einfach, klar, und zugegeben: irgendwie auch plausibel – zumal, wie gesagt, sie im Wesentlichen das ist, was wir von Seiten der Leadership-Industrie immer wieder und stets aufs Neue eingebläut bekommen: in Büchern, Aufsätzen, Vorträgen, Schulungen. Angesichts dessen scheut man sich schon fast die Frage überhaupt nur zu stellen: Warum ist das eigentlich so? Warum werden die Guten belohnt und die Schlechten bestraft? Die wohl naheliegendste Antwort auf diese Frage lautet – weil die Welt gerecht ist!

## „Sie werden dafür bezahlen!" – Der Glaube an die gerechte Welt

Ein kurzes Aufblitzen dieses elementaren Glaubens fiel uns jüngst in einem Beitrag der *Tagesschau* über die Proteste in der chinesischen Sonderverwaltungszone Hongkong gegen das sog. „Auslieferungsgesetz" auf. Hier berichtete ein Student von den unverantwortlichen Reaktionen der Polizei wie der Regierenden auf die Bürgerproteste und beendete sein wütend-emotionales Statement mit den Worten: „They will pay for it!" – dafür werden sie noch bezahlen! Eine bemerkenswerte Überzeugung, die vermutlich viele teilen, denen Unrecht geschieht. So hat vielleicht auch Billy gedacht: „Du entgehst deiner gerechten Strafe nicht!", als sein Chef ihn und seine Arbeit vor versammelter Mannschaft im wahrsten Sinne des Wortes zerriss (siehe Kapitel 1). Und erinnern wir uns nochmals an Andy Summers von „The Police", der nach Stings Tape-Beerdigung im Garten und in Anbetracht der späteren Grammy-Verleihung in seiner Autobiografie vermerkte: „There is justice in the world after all" (siehe Kapitel 1). Alles Gute wird belohnt – und viel wichtiger noch: Alles Böse wird bestraft!

Für diesen alltäglichen Glauben gibt es eine Theorie, die praktischerweise auch gleich so heißt: „The Belief in a Just World" – zu Deutsch: Der „Gerechte-Welt-Glaube"[371]. Vorgestellt wurde diese Theorie in einem Buch mit gleichnamigem Titel, welches der Sozialpsychologe Melvin Lerner im Jahre 1980 veröffentlichte und das in seinem Untertitel sogleich aber auch ergänzend kommentierte: „Eine fundamentale Selbsttäuschung".[372] Im Sinne einer kurzen Zusammenfassung dieser Theorie lesen sich Lerner und sein Koautor Dale Miller in einem anderen Beitrag zum Thema[373] wie folgt:

> „Individuen haben das Bedürfnis daran zu glauben, in einer Welt zu leben, in der Menschen im Allgemeinen bekommen, was sie verdienen. Dieser Glaube an eine gerechte Welt ermöglicht es dem Einzelnen, seine physische und soziale Welt als stabil und geordnet zu erleben. Ohne einen solchen Glauben würde es schwierig für den Einzelnen, sich langfristigen Zielen oder auch nur den sozial regulierten Verhaltensweisen des täglichen Lebens gegenüber zu verpflichten. Weil der Glaube an die Gerechtigkeit der Welt für das Individuum so zweckmäßig ist, geben Menschen ihn nur sehr widerwillig auf und bekommen große Probleme, wenn sie sich Fakten gegenübersehen, die deutlich machen, dass die Welt weder sehr gerecht oder noch besonders geordnet ist."

Das Credo der „Gerechte-Welt-Hypothese" lautet also:[374] Langfristig bekommt jeder, was er verdient. Etwas differenzierter gesprochen: Die Guten werden belohnt, die Schlechten werden bestraft. In aller Regel wohl nicht gleich heute, jedoch in einer näheren (oder ferneren?) Zukunft. In jedem Falle aber noch in diesem Leben. Fast schon charmant dabei: Da sich jeder im Grunde als „gut" wähnt, gibt die Theorie allgemeinen Anlass, für sich selbst stets auf das Beste zu hoffen. Gute Taten lassen sich dabei im Übrigen auch kumulieren und als Investment in die Zukunft interpretieren. Auf diese Weise erhält man dann auch einen gewissen Spielraum zum gelegentlichen schlechten Verhalten, sofern man vorher reichlich Gutes angesammelt hat. Motto: Wer drei Sonntage hintereinander in der Kirche war, der kann den Gottesdienst am vierten Sonntag schon einmal schwänzen. Für diese spezielle Denkungsart steht notabene der Begriff der moralischen Lizensierung.[375]

Die meisten werden dem „Entdecker" dieses Glaubens, Melvin Lerner, wohl zustimmen, wenn er ihn als „Selbsttäuschung" deklariert. Ein schöner falscher Glauben sozusagen – aber kann nicht jeder glauben, was er will? Nicht ganz! Denn dem „Gerechte-Welt-Glauben" wohnt eine spezielle und (nicht nur) in unserem Zusammenhang sehr bedeutsame Problematik inne, da er nämlich nahelegt: Wem es richtig schlecht geht im Leben (materiell, gesundheitlich, usf.), der muss es sich irgendwie „verdient“ haben. Und wer vom Erfolg immerfort verwöhnt wird, der kann kein Schlechter sein, sondern muss Gutes getan haben. Kurzum: Wer so denkt, für den ist jeder Erfolg des Erfolgreichen moralisch gerechtfertigt.[376]

Im Grunde verweist dies auf eine Art Inversion (Umkehrung) der Light Side of Leadership: Es herrscht nicht mehr nur die Überzeugung, dass der gut Führende erfolgreich sein wird. Vielmehr verqueren wir diese Ansicht nochmals, indem wir in einen logisch unzulässigen Umkehrschluss zu der Einschätzung kommen, dass jeder offensichtlich erfolgreiche Führer mithin auch ein guter Führer gewesen sein muss. Die Möglichkeit einer *erfolgreichen schlechten Führung* ist damit endgültig vom Tisch. Aber eben nicht aufgrund von Tatsachen, sondern infolge eines Tricks, der sich ausschließlich in unseren Köpfen abspielt und sich aus reiner „Selbsttäuschung“ (Melvin Lerner) speist. Und tatsächlich gibt es bemerkenswerte Hinweise darauf, dass es häufig genau so läuft, dass wir also das an sich Inakzeptable so rationalisieren, dass es wir dann doch guten Gewissens akzeptieren können. Tragen wir einige dieser Hinweise zusammen:

Zunächst können hier nochmals Rüdiger Hossiep und Olaf Ringelband genannt werden, die empirisch begründet davon ausgehen, „dass die meisten erfolgreichen Top-Manager gewisse psychopathische, narzisstische und machiavellistische Tendenzen bzw. Züge aufweisen.“[377] Dass die Gefahr eines Bad Leadership damit unmittelbar verbunden ist, haben wir bereits dargelegt (siehe Kapitel 4). Und natürlich gibt es erkennbare Verhaltensweisen dieser Manager, die als Warnsignale aufgefasst werden könnten. Dies werden sie jedoch zumeist nicht, weil wir diese Signale „wegrationalisieren“. Das heißt: “Selbst offensichtlich pathologische Verhaltensweisen werden bei Top-Managern geduldet oder gar goutiert“, da wir sie als hinreichend mit dem Schema „Besondere Menschen zeigen eben besonderes Verhalten“ erklärt sehen.[378] Pointiert gesprochen: Führt ein CEO, ein Präsident oder sonst ein selbsternannter Führer sich auf wie ein Idiot, dann nennen wir ihn womöglich gar nicht Idioten, sondern halten ihn vorzugsweise schlicht für „etwas ganz Besonderes“.

Eine weitere Erklärung steuert Jeffrey Pfeffer[379] bei, indem er in diesem Zusammenhang auf die Bedeutung der *Theorie der Kognitiven Dissonanz*[380] verweist, der zufolge Menschen in für sie unangenehme Gefühlszustände (Dissonanzen) geraten, wenn bestimmte kognitive Elemente (Wahrnehmungen, Gedanken, Meinungen) in Widerspruch zueinander geraten. Unser Ziel ist es dann, diese Dissonanzen auszuräumen und in einen Zustand der kognitiven Konsonanz (gedanklichen Stimmigkeit) zurückzukehren. Ein einfaches Beispiel hieraus (aus der Werbung): Sie haben eine Matratze gekauft, die ein „kleines Vermögen" gekostet hat, dachten aber, „Qualität hat ihren Preis", und erfahren dann, dass die beste Matratze überhaupt viel, viel günstiger zu erwerben gewesen wäre. Das erzeugt Dissonanzen, mit denen man klarkommen muss! Vergleichbares widerfährt uns gedanklich, wenn wir einerseits sehen, dass ein Führender sich andauernd in einer moralisch niederträchtigen Weise verhält, er dennoch (als CEO) unerhörte finanzielle Erfolge einstreicht oder (als Politiker) für eine zweite Amtszeit wiedergewählt wird. Da wir weder die finanziellen Erfolgsausweise noch die faktische Wiederwahl wegrationalisieren können, versuchen wir es notgedrungen mit dem niederträchtigen Verhalten – das dann auf einmal gar nicht mehr so „niederträchtig" erscheint. Vielleicht war es ja doch auf die eine oder andere Weise gut und richtig?

Eine dritte Erklärung lässt sich schließlich aus Niccolò Machiavellis politisch-philosophischen Hauptwerk „Discorsi – Staat und Politik"[381] herauslesen. Hier geht er vom Grundsatz aus, dass, wo die Handlung anklagt, der Erfolg gleichwohl freispricht[382] – wobei dieser Effekt auf zweierlei Weise entstehen kann: Entweder wir kommen zu der Überzeugung, dass der Erfolg die schlechten Mittel rechtfertigte. Oder wir vergessen schlicht, welche Mittel eingesetzt wurden, und sehen am Ende nur noch den Erfolg.[383] Und überhaupt: Wer kennt all die Mittel, die die Erfolgreichen für ihren Erfolg eingesetzt haben?

Es gibt so gesehen recht vielfältige Mechanismen, die bewirken, dass wir schlechte Führung zur guten Führung umdeuten, wenn sie erfolgreich ist. Und damit werden wir sozusagen blind für die Tatsache, dass natürlich auch schlechte Führung erfolgreich sein kann. Und je weitreichender diese Mechanismen wirken, desto unangreifbarer und unsterblicher wird die Light Side of Leadership. Keine gute Nachricht, wenn man bedenkt, dass man Bad Leadership erst einmal erkennen muss, wenn man ihm begegnen will.

## „Keine Zufriedenheit, keine Leistung!" – Der Glaube an den gerechten Tausch

Vom „Gerechte-Welt-Glauben", der sich aus einer kruden Mischung von Kismet, Nemesis und Metaphysik speist, ist es nicht sehr weit bis zu dessen weitaus berühmteren Bruder im Geiste, dem Glauben an die „unsichtbare Hand" des Marktes. Dieser Glaube geht bekanntlich auf den Begründer der Nationalökonomie, Adam Smith, zurück und besteht inhaltlich in Folgendem: Wenn wirtschaftliche Akteure konsequent ihre eigenen Interessen verfolgen (Homo oeconomicus) und als Anbieter und Nachfrager auf dem Markt aufeinandertreffen, dann kommt jedes Tauschgeschäft (bspw. der

Kauf eines Glas Wassers für 1 Dollar) einer Situation gleich, in der beide gewinnen: Ich bekomme mein Wasser zu dem Preis, den Du verlangst – und der fair ist, weil ich ihn ja sonst nicht zahlen würde! Tauschgeschäfte repräsentieren so gesehen stets „win-win"-Konstellationen – alle Beteiligten sind glücklich und in summa entsteht auf diese Weise der höchstmögliche „Wohlstand der Nationen" (Adam Smith). Wie bereits angedeutet ist dabei natürlich mitgedacht, dass ich das Glas Wasser keinesfalls kaufen werde, wenn es mir zu teuer ist, also zum Beispiel 5 Dollar kosten soll. Wucher! Voraussetzung allerdings: Der Markt funktioniert, was auf verschiedenste Bedingungen verweist. Eine davon lautet: Die Tauschpartner verfügen über die *gleiche Macht*. Ist dies nicht der Fall, dann kann der eine den anderen „über den Tisch ziehen" und aus dem „win-win" wird de facto ein „win-lose". In dem Falle spricht man von *Marktversagen* – und ein Glas Wasser kann urplötzlich schon einmal 10.000 Dollar kosten (Abbildung 22).

Abbildung 22: Marktversagen durch Marktmacht

Gemäß der Light Side of Leadership sind auch Führungsbeziehungen letztlich nichts anderes als Tauschgeschäfte: Hier der Führende, der Leistung möchte, dort der Geführte, der Zufriedenheit möchte – insbesondere infolge einer guten und gerechten Führung. Kommt der Tausch zustande, dann wird hohe Leistung gegen hohe Zufriedenheit eingehandelt. Good Leadership! Das ist dann auch der Grund, weshalb Führende sich allenthalben der Aufforderung gegenübersehen, „mehr auf Vertrauen und Gerechtigkeit zu setzen"[384]: Das steigert die Leistung! Handelt der Führende hingegen anders, also schlecht (siehe Kapitel 1 und 2), und die Geführten werden deshalb unzufrieden und unglücklich, dann platzt natürlich auch der Deal: „Keine Zufriedenheit, keine Leistung!“ Und damit sind wir wieder einmal beim einfachen Bad Leadership-Bild (siehe Abbildung 1) und der Notwendigkeit für Organisationen, schlechte Führung aufgrund ihrer ökonomisch negativen Folgewirkungen (Motivations-/Leistungsabfall) anzugehen und auszuschalten. Aber halt: Was, wenn es auch in Führungsbeziehungen zu einem „Marktversagen“ kommt, ein Partner also deutlich mächtiger ist als der andere? Und tatsächlich ist genau dies in Führungsbeziehungen kaum anderes als der Normalfall. Denn Führung ist ja weithin dadurch definiert, dass der Führende über Macht verfügt, die dem Geführten abgeht (siehe Einleitung). Sollte der Führende diese Macht einsetzen, wovon bei schlechten Führern (siehe Kapitel 4 und 5) ausgegangen werden darf, dann bedeutet dies für die Führungsbeziehung – „win-lose“: Mitarbeiter müssen für relativ wenig Zufriedenheit relativ viel leisten! Wer denkt, dass dieses Szenario weltfremd sei, der darf weiter an die Universalität der Light Side of Leadership glauben. Wer mit Blick auf die Realitäten hingegen davon ausgeht, dass diese („win-lose“-)Konstellation durchaus bedeutsam ist, der sollte sich mit der Kontingenzthese der Führung vertraut machen.

## Von der Light Side zur Kontingenzthese der Führung

In einem kurzen, aber kundigen Beitrag stellte die Journalistin und Publizistin Hara Estroff Marano vor einigen Jahren klar: Es gibt *zwei Arten* von schlechten Führern in Organisationen: *Erfolgreiche* und *erfolglose*! Die Erfolglosen verbleiben nicht lange in der Organisation. Für die Erfolgreichen gilt: Sie machen zwar Probleme, sind vor allem aber: klug und kompetent! Als Mitarbeiter leisten sie Außerordentliches für die Organisation. Deshalb steigen sie auf, mitunter bis ganz nach oben. Folgt man diesem Gedanken, dann gibt es tatsächlich zwei Varianten des Bad Leader: den funktionalen (Nutzen > Kosten) und den dysfunktionalen (Nutzen < Kosten). Und wie man sieht: Wer was ist, entscheiden nicht die Mitarbeiter mittels ihrer persönlichen Wahrnehmung von „gut“ und „schlecht“, sondern basiert auf *ökonomischen Kosten-Nutzen-Überlegungen*.

Im gleichen Sinne, aber deutlich konkreter liest sich der oben bereits angesprochene Jeffrey Pfeffer, der klarstellt: „Die Liste der Führer, die, auf der einen Seite, enorme Summen verdienen und ihre Macht jahrzehntelang wahren, und auf der anderen Seite in fast jeder Hinsicht den Plattitüden von Bescheidenheit, Dienst am anderen und Vertrauenswürdigkeit widersprechen, ist fast schon endlos und wird ständig länger.“[385] Und Pfeffer nennt auch Namen: Carly Fiorina (frühere CEO von Hewlett-Packard), Rebekah Brooks (frühere Herausgeberin von News International), sowie – hierzulande bekannter – Steve Jobs (Apple), Bill Gates (Microsoft) und Jeff Bezos (Amazon). In einem höchst lesenswerten Beitrag mit dem eventuelle Missverständnisse von vornherein ausschließenden Titel „Why the Assholes are Winning" (zu Deutsch: „Warum die Arschlöcher gewinnen") stellt Pfeffer beispielsweise für den Letztgenannten, Amazon CEO Jeff Bezos, dreierlei fest: (a) der reichste Mensch der Welt, (b) der mit am meisten bewunderte CEO der Welt, und: (c) eingedenk der weltweit fürchterlichen Arbeitsbedingungen bei Amazon[386] schlicht ein Bad Leader![387] Die These wäre hier folglich, dass der Erfolg des Unternehmers (und des Unternehmens) zu einem guten Teil gerade auf einer schlechten (ausbeuterischen) Führung beruht, hoher Erfolg und geringe Moral mithin also durchaus (und nicht selten) friedlich und dauerhaft koexistieren.

Beziehen wir diese Erkenntnisse auf die Light Side of Leadership, dann kann es eigentlich nur eine Konsequenz geben: Sie greift zu kurz, vermag mit ihrer harmoniegetränkten Grundanlage weite Teile der konfliktgeprägten Führungswelt nicht zu erfassen. Das Bild der Medaille mit den zwei sich entsprechenden Seiten (siehe Abbildung 21) ist folglich falsch. Richtig ist: Ethik und Erfolg stehen im Führungskontext in keinem Verhältnis der Dependenz (Abhängigkeit des einen vom anderen), sondern in einem Verhältnis der *Kontingenz* (Es kann so sein, es kann aber auch anders sein; alle denkbaren Bezüge sind möglich). An die Stelle der Medaille muss demnach ein anderes Bild rücken: Eine *Matrix* (siehe Abbildung 22), deren vier Felder im Einzelnen dann wie folgt bestimmt werden können:

(1) *Good Leader* – gemäß Light Side of Leadership ein Führender, der ethisch führt und erfolgreich ist.
(2) *Bad Leader* – ebenfalls gemäß der Light Side of Leadership ein Führender, der unethisch führt und damit (nicht: deshalb) erfolglos bleibt.
(3) *Sad Leader* – gewissermaßen der erste neue Typus, der gemäß der Kontingenzthese in den Blick gerät: Er verfolgt eine ethisch anspruchsvolle Führung, die allerdings nicht von Erfolg gekrönt ist. Als Führender scheitert er also an fehlender Effizienz.
(4) Der Leader, den wir in Würdigung der kritischen Einlassungen von Jeffrey Pfeffer als „*Winning Asshole*" bezeichnen wollen – jene Führenden, die auf Ethik pfeifen und dennoch enorme Erfolge feiern. Wir denken, wir sollten ihre empirische Bedeutung nicht als marginal erachten.

| | | **Erfolg** | |
|---|---|---|---|
| | | hoch | niedrig |
| **Ethik** | hoch | *1 Good Leader* | *3 Sad Leader* |
| | niedrig | ***4 Winning Asshole*** | *2 Bad Leader* |

Abbildung 23: Die Vierfelder-Typologie der Führung

Fazit also, frei nach Georg Wilhelm Friedrich Hegel: Weder gilt uneingeschränkt die (harmonische) *These*: „Wer erfolgreich sein will, muss gut sein!", noch gilt uneingeschränkt die (defätistische) *Antithese*: „Wer erfolgreich sein will, muss fies sein"[388]; vielmehr ist im Sinne einer *Synthese* anzuerkennen: „Wer erfolgreich sein will, der muss nicht, kann aber fies sein!" Anything goes!

# Kapitel 11
# Von der Verschlechterung zur Verbesserung der Führung? – ein Fazit und ein Epilog

*„Der größte Feind der neuen Ordnung ist, wer aus der alten seine Vorteile zog."*

Niccolò Machiavelli, Staatsphilosoph

Folgt man den obigen Ausführungen und verabschiedet die Light Side of Leadership in das Reich der Mythen, dann hat dies zum Ende unseres Buches noch einmal fundamentale Auswirkungen für unser gängiges und einfaches Bad Leadership-Bild (siehe Abbildung 1). Denn dann bricht der Vorstellung, dass schlechter Führung als reiner Misserfolgsfaktor von Seiten der Organisation entschieden zu begegnen sei („Nemesis"), in erheblichem Maße die Begründung weg. Und auf einmal sehen wir uns konfrontiert mit der – eher selten bedachten – Möglichkeit, dass schlechte Führung ein zentraler Erfolgsfaktor für Organisationen sein könnte. Und damit sind wir auf einmal auch sehr nahe an der kritischen Behauptung, die wir eingangs (siehe Einleitung) in den Raum stellten: Bad Leadership ist keine Abweichung vom Normalen, die für alle Beteiligten ausschließlich negative Wirkungen zeitigt. Richtig ist vielmehr: Bad Leadership ist unter den aktuell gegebenen Bedingungen eine zunehmende Normalität, weil sie für manche – und zudem machtvolle – Akteure schlicht vorteilhafter ist als ein Good Leadership. Und so macht es Sinn, von einem Prozess der gezielten Verschlechterung der Führung zu sprechen.

## Die Verschlechterung der Führung – ein zusammenfassender Aufriss

Als Ausgangspunkt zum Verständnis der gezielten Verschlechterung der Führung *von* und *in* Organisationen kann der Prozess der Finanzialisierung der Wirtschaft gesehen werden, der finanzwirtschaftlichen Akteuren mit ihren ebenso eigennützigen wie kurzfristigen (Rendite-)Interessen jene Macht verleiht, mittels derer Organisationen auf breiter Front in „Geldmaschinen" (Thomas Sattelberger) umgemünzt werden können (siehe Kapitel 6). Methodisch erfolgt dies in einem ersten Schritt durch den weitflächigen Einsatz erfolgsabhängiger Vergütungssysteme (extrinsische

Motivierung) für die oberste Führungsebene der Organisation (siehe Kapitel 5). Guter Führung, sprich: zivilisierten Umgangsformen und vor allem einem gerechten Interessenausgleich zwischen den Beteiligten, wird auf diese Weise ihr Fundament (intrinsische Motivation) entzogen und entsprechend der Weg bereitet für eine (kapitalmarktorientierte) Führung, die eine nachhaltige gesellschaftliche Verantwortung kurzerhand ersetzt durch eine kurzfristige, rein pekuniäre Erfolgsverantwortung (siehe Kapitel 3).

Die Verschlechterung der Führung ist damit jedoch keineswegs abgeschlossen, sondern setzt sich top-down weiter fort, indem die Organisationsleitungen in einem zweiten Schritt die strukturellen und kulturellen Settings ihrer Organisationen so umgestalteten, dass die „Profits at all costs"-Orientierung auch intern zur allgemeinen Handlungsmaxime aufsteigt. Die dazugehörigen Stichworte lauten: Hoher Erfolgs- und Leistungsdruck auf den unteren und mittleren Führungsebenen durch steigende und teilweise unverantwortliche Zielvorgaben, geringere Ausstattung mit eigentlich notwendigen Ressourcen, damit kontinuierlich steigende Arbeitsbelastungen, dauerhafter Stress – dies alles dann auch noch marktliberal garniert mit Performance-„gerechten" Vergütungssystemen (siehe Kapitel 6). Dass sich aus diesem toxischen Arbeitsgestaltungsmix über die Zeit allzu häufig relevante Spielarten des Bad Leadership – vom schlichten „Too busy to be fair"[389] bis hin zum schlimmsten „Pressure to behave unethically"[390] – entwickeln, kann eigentlich kaum überraschen. Für die Führungskräfte selbst bedeutet dies, sich von einer guten Führung tendenziell verabschieden zu müssen und mehr und mehr auf die „dunkle Seite" der Macht hinüberzugleiten: entweder, weil es anders einfach nicht mehr geht (stress- und erschöpfungsbedingt) oder weil es auf die schlechte Weise einfach besser läuft (vergütungs- und karrierebezogen).

Dass die Protagonisten der „dunklen Triade" (siehe Kapitel 4) sich von einer solchen Führungswelt grundsätzlich angesprochen fühlen und sie organisationsseitig auch als ganz gut passend erachtet und von daher sogar mehr oder minder aktiv gesucht werden (siehe Kapitel 4 und 10), rundet die Problematik letztlich nur ab.

Fazit: Das allgemeine Bekenntnis, wonach Organisationen schlechte Führung heute konsequenter als zuvor bekämpfen und gute Führung nachhaltig befördern wollen, erscheint eingedenk dessen tatsächlich eher wie ein Lippenbekenntnis oder zumindest wie eine Selbsttäuschung.

## Die Verbesserung der Führung – eine gesellschaftliche Herausforderung

Welche Perspektiven ergeben sich nun aber für eine Verbesserung der Führung? Eigentlich kein Buch mit sieben Siegeln: Wir müssen den Prozess im Grunde „nur" umkehren, was, bottom-up gedacht, wie folgt kurz zu umschreiben wäre:

Erstens: Wir brauchen (wieder) interne Strukturen und Kulturen, die guter Führung förderlich sind, indem sie den überbordenden Erfolgs- und Leistungsdruck absenken, Führungskräfte mit jenen Ressourcen ausstatten, die zur Aufgabenerledigung erforderlich sind, auf diese Weise persönliche Arbeitsbelastungen und negativen Stress reduzieren – und Führungskräften schließlich auch hinreichend Zeit einräumen, sich mit Fragen der Fairness innerhalb des Führungsprozesses zu befassen.

Zweitens: Eben hierfür braucht es oberste Führungskräfte, die (wieder) stärker gesellschaftlich verantwortungsbewusst Denken und Handeln, in diesem Sinne also intrinsisch motiviert sind und bleiben.

Drittens: Aufgrund dieser intrinsischen Motivation zur guten Führung braucht es nicht länger extrinsischer Anreizsysteme, die auf Wertsteigerungen am Aktienmarkt ausgerichtet sind. Sie gehören abgeschafft oder zumindest zurechtgestutzt auf ein bescheidenes Maß. An ihre Stelle können dann (wieder) Vergütungen treten, die im Sinne der Leistungsgerechtigkeit sicher *niedriger* sein müssen als die heutigen, die vor allem aber in ihrer Höhe weitestgehend *fix* sind.[391]

Viertens: Damit alles dies umzusetzen ist, bedarf es einer Art „Entfinanzialisierung" der Wirtschaft, was bedeutet, dass die Macht der finanzwirtschaftlichen Akteure in unseren Volkswirtschaften (wieder) beschnitten wird, wovon die große Mehrheit der führenden und geführten Menschen arbeitsqualitativ profitieren würde – was für die Shareholder und ihre Agenten allerdings auch bedeutet, dass sich ihre Gewinne quantitativ reduzieren werden. Der Prozess der Verbesserung der Führung hat so gesehen eine hohe politische Brisanz und dürfte von daher alles andere als ein Selbstläufer sein. Aber es ist in jedem Falle besser, diese Problematik klar zu sehen und als gesellschaftliche Herausforderung der Zukunft zu verstehen, als weiter einem einfachen und harmonistisch geprägten Bad Leadership-Bild anzuhängen, das die komplexen *situativen* Hintergründe der Bad Leadership-Problematik kaum ausleuchtet und sich folglich fast ausschließlich *individualisierend* auf eine Bestrafung von „faulen Äpfeln" kapriziert.

## Epilog – oder: Schlecht schlägt gut!

Haben wir das Thema Bad Leadership insgesamt nicht doch zu groß gemacht? Fallen wir womöglich von einem Extrem ins andere? Sprich: Widmen wir der „dunklen Seite" der Führung schon wieder zu viel Aufmerksamkeit, nachdem wir sie lange Zeit überhaupt nicht beachtet haben? Ist unsere Wahrnehmung vielleicht gestört: Sehen wir überall nur noch „Bad" – und übersehen dabei das viele „Good", das immer da war und immer sein wird? Nun, gestützt werden diese Vermutungen durch eine interessante wissenschaftliche Erkenntnis, die Roy Baumeister und Koautoren[392] bereits im Titel eines Beitrags im *Review of General Psychology* auf den Punkt bringen: „Bad is stronger than good" – schlecht schlägt gut! Gemeint ist damit ein allgemeines psychologisches Phänomen, demzufolge wir Menschen dem Schlechten immer mehr Beachtung schenken und höhere Bedeutung beimessen als dem Guten. Man darf hier sicherlich im ersten Zugriff an die täglichen Nachrichtensendungen denken, die stets ja beherrscht sind von schlechten Neuigkeiten, tatsächlich vergleichsweise selten mit wirklich Erfreulichem aufwarten und zweifelsohne an Quote verlieren würden, wenn es andersherum wäre. Baumeister und Kollegen spinnen diesen Gedanken nun allerdings erheblich weiter und entdecken ihn in fast allen Bereichen unseres Lebens: Schlechte Eltern prägen ihr Kind für dessen weitere Zukunft weit mehr, als es gute Eltern vermögen (Sigmund Freud lässt grüßen!), negative Emotionen haben nachhaltigere Auswirkungen auf uns und unsere Beziehungen als gute Emotionen, ein negatives Feedback beschwert uns weit mehr, als ein positives uns zu beflügeln vermag, Krankheit belastet uns immens, Gesundheit hingegen nehmen wir kaum wahr, traumatische Erlebnisse verfolgen uns ein Leben lang – ein positives Äquivalent zum negativen Trauma existiert hingegen gar nicht. Warum ist das so? Und ist das gut so? Das „Warum" erklären Baumeister und Kollegen evolutionär: Wer überleben will, der muss nicht unbedingt die positiven Dinge wahrnehmen, sondern die negativen – denn diese können lebensbedrohlich werden. Das Gute können wir von daher schadlos einmal übersehen, derweil wir das Schlechte dauerhaft im Auge behalten und nach dessen Überwindung trachten sollten. Kurzum: Wo immer wir das Schlechte erkennen, entsteht in uns sogleich auch die Bestrebung eines Wandels zum Besseren.[393] Dass das Schlechte stärker wahrgenommen wird als das Gute, ist damit zuletzt etwas Gutes, weil es unser Bewusstsein für jene Probleme schärft, die unser gutes Leben beeinträchtigen oder gar bedrohen können. Mit Blick auf unsere Thematik ist deshalb abschließend zu vermerken: Die klare Ansprache und offene Auseinandersetzung mit der Bad Leadership-Problematik ist erforderlich, denn nur so können wir das „Wehe" minimieren, das Führung verursacht, und das „Wohl" maximieren, das von ihr ausgehen kann.

# Anmerkungen

1 Vgl. dazu grundlegend: Yukl/Falbe 1991
2 Vgl. zum Begriff: Kellerman 2004, S. 3ff.
3 Vgl. in diesem Sinne bspw.: May et al. 2016, Klaußner 2012
4 Vgl. Kellerman 2004, S. 10
5 Vgl. Kellerman 2004, S. 7ff.
6 Gini/Green 2012, S. 153
7 So der berühmte Politologe und Historiker James MacGregor Burns (1978, S. 27), der mit „Leadership" einen Allzeitklassiker der Führungslehre verfasste und überdies als „Erfinder" des transformationalen Führungsstils gilt. Er vertrat prominent die These, dass Hitler kein Führer, sondern ein brutaler „Machthaber" („Power Wielder") war. Vgl. dazu ausführlich auch: Gini/Green 2012
8 Eine gute Erklärung für die geringe Überzeugungskraft dieser These lieferte der Führungsethiker Terry Price (2006, S. 5), der dazu klarstellte: Nur die Guten als „Leader" zu bezeichnen und den Schlechten einfach einen anderen Namen zu geben hilft keinen Schritt weiter in Anbetracht der Tatsache, dass mächtige Menschen sich vielfach in einer unethischen Weise verhalten.
9 Vgl. dazu: Spiegel Online 2019, 2019a
10 Vgl. Süddeutsche.de 2010
11 Vgl. Süddeutsche.de 2010
12 Vgl. t3n.de 2018
13 Vgl. DGB 2019
14 Vgl. zur vollständigen Auflistung dieser schlechten bzw. „personalized leaders": O'Connor et al. 1995, S. 538
15 Vgl. Welt.de 2018
16 Vgl. Kellerman 2004
17 Vgl. Kellerman 2004, S. 38f
18 Vgl. Lipman-Blumen 2005
19 Vgl. Einarsen et al. 2007
20 Vgl. Aasland et al. 2010
21 Vgl. Tepper 2000, 2007
22 Vgl. Tepper 2007, S. 262
23 Vgl. Tepper 2010
24 Vgl. Schmid et al. 2019
25 Vgl. Ferris et al. 2007
26 Vgl. Ashforth 1997
27 Vgl. Duffy et al. 2002
28 Vgl. Pearson et al. 2000
29 Vgl. dazu (kritisch): McCabe 2014
30 Vgl. exemplarisch: Griffin/O'Leary-Kelly 2004, Sutton 2007, Walter 2015, May et al. 2016
31 Vgl. McCabe 2014
32 Vgl. Linstead et al. 2014, S. 165
33 Vgl. Paulhus/Williams 2002
34 Vgl. Hossiep/Ringelband 2014, Kuhn/Weibler 2012, S. 31ff.
35 May et al. 2016, S. 265
36 Vgl. dazu insbesondere die Metaanalyse von: Schyns/Schilling 2013
37 Vgl. bspw.: McCall/Lombardo 1983, Westermann 2012, Kuhn/Weibler 2016
38 Marano 1995
39 Vgl. Sutton 2007, S. 1ff.
40 Vgl. Marano 1995

41 Zit. nach Sutton 2007, S.7f
42 Vgl. Sutton 2007, S.151
43 Tagesanzeiger 2011
44 Vgl. von der Oelsnitz/Busch 2010, S.188
45 Summers 2006, S.312
46 Vgl. Köhler 2017
47 Quelle: May et al. 2016, S.267
48 Vgl. Porath/Pearson 2010
49 Vgl. Schyns/Schilling 2013
50 Quelle: Wittmann 2017, S.2
51 Vgl. Liu et al. 2012
52 Vgl. Mawritz et al. 2012
53 Porath/Pearson 2010, S.69
54 Vgl. zur weiteren (kritischen) Diskussion dessen: Kuhn 2009
55 Vgl. dazu: Ferris et al. 2007, S.202
56 Vgl. dazu: Lang/Rybnikova 2014, S.57ff.
57 Vgl. Ma et al. 2004, S.34f
58 Quelle: Wirtschaftswoche, Nr.45 vom 31.10.1996, S.155
59 Vgl. Isaacson 2011
60 Vgl. Bewernick et al. 2013
61 Quelle: Bewernick et al. 2013, S.451
62 Vgl. Sutton 2007, S.21ff.
63 Sutton 2007, S.165f
64 Vgl. Krasnikova et al. 2013
65 Vgl. Einarsen et al. 2007, Skogart et al. 2007, Aasland et al. 2010
66 Vgl. Einarsen et al. 2007, S.214
67 Eigener Entwurf auf Basis von: Aasland et al. 2010, S.440
68 Vgl. Krasnikova et al. 2013, S.1310
69 Vgl. Krasnikova et al. 2013, S.1310
70 Vgl. Clements/Washbush 1999, S.170
71 Vgl. O'Connor et al. 1995, Barling et al. 2008
72 Vgl. Lin et al. 2018, Weibler 2018
73 Vgl. Schmid et al. 2019
74 Vgl. zum Folgenden auch den Fragebogen zur Messung ausbeuterischer Führung: Schmid et al. 2019, S.1407
75 Vgl. Schmid et al. 2018, S.3
76 Vgl. Tepper 2010
77 Vgl. Kuhn/Weibler 2016
78 Vgl. Spiegel Online 2019b
79 Vgl. dazu auch: Hetzer 2015
80 Vgl. in diesem Sinne: Westdeutsche Zeitung 2018
81 Walzer 1973, S.161
82 Vgl. Gowans 1987, S.3
83 Vgl. Foot 1978, S.19ff.; Thompson 1985; Sandel 2016, S.34ff.
84 Vgl. Walzer 1973, S.161f
85 Vgl. Walzer 1973, S.164
86 Vgl. Walzer 1973, S.166; Temes 2005, S.100
87 Vgl. dazu Walzer 1973, S.176
88 Walzer 1973, S.177
89 Thielemann 2002, S.8
90 Vgl. dazu bspw.: Davis 2009, Hiß 2009, Hecker 2011
91 Vgl. Reich 2008, S.66
92 Frank Abrams, zit. nach: Reich 2008, S.66
93 Fortune, zit. nach: Reich 2008, S.66
94 Wuffli 1988, S.41
95 Wuffli 1988, S.41
96 Vgl. Wuffli 1988, S.41

97 Vgl. hierzu beispielsweise: Mitchell 2002, Kelly 2003, Stout 2012
98 Vgl. Rappaport 1986
99 Vgl. Felber 2018
100 Vgl. darstellend bspw.: Caroll/Shabana 2010, sowie kritisch bspw.: Kuhn/Weibler 2011
101 Vgl. Raith 2013
102 Vgl. Fleming/Jones 2013, S.67ff.
103 Vgl. Groening/Kanuri 2013
104 Vgl Sutton 2007, S.120ff.
105 Vgl. Ashford 1997
106 Vgl. Tepper 2000
107 Vgl. Shaw et al. 2011
108 Vgl. Thoroughgood et al. 2012
109 Vgl. Schmid et al. 2019
110 Vgl. Küfner et al. 2015
111 Vgl. Küfner et al. 2015, S.2f, 10
112 Küfner et al. 2015, S.10
113 Quelle: Küfner et al. 2015, S.5
114 Vgl. Craig und Gustafson 1998
115 Vgl. Brown et al. 2005
116 Vgl. Rowold et al. 2009
117 Vgl. Kalshoven et al. 2011
118 Vgl. Yukl et al. 2013
119 Vgl. dazu auch den führungsethischen Ansatz von: Treviño et al. 2000
120 Vgl. Rowold et al. 2009, S.67
121 Quelle: Rowolt et al. 2009, S.62 (Item Nr.2 wurde allerdings nicht in die endgültige dt. Fassung aufgenommen)
122 Vgl. Martinko et al. 2011
123 Vgl. bspw. Habermas 1988, 1991, Ulrich 2016, S.59ff., Sandel 2016, S.144ff.
124 Machiavelli 1990, S.24
125 Vgl. Furtner 2017
126 Vgl. Paulhus/Williams 2002
127 Vgl. Paulhus/Williams 2002, S.556
128 Vgl. Paulhus/Williams 2002, S.557
129 Quelle: Externbrink/Keil 2018, S.3
130 Vgl. Schulte von Drach 2017
131 Bierhoff/Herner 2009, S.21ff.
132 Vgl. dazu bspw.: Rotmann 2000
133 Dammann 2007, S.37
134 Vgl. Volkan 2006, S.225
135 Vgl. dazu bspw. Lubit 2002, Kets de Vries/Miller 1985
136 Vgl. Dammann 2007, S.18
137 Vgl. Lubit 2002, S.128ff.
138 Vgl. Kets de Vries/Miller 1985, S.588ff.
139 Quelle: American Psychiatric Association 2000 (eigene Übersetzung)
140 Vgl. Rosenthal/Pittinsky 2006, S.619ff.
141 Vgl. Dammann 2007, S.37
142 Maccoby 2000, S.70
143 Vgl. Dammann 2007, S.37f
144 Vgl. Wirth 2006, S.162
145 Vgl. Dammann 2007, S.44
146 Vgl. bspw.: Grijalva et al. 2015, Nevicka et al. 2011, Lubit 2002
147 Vgl. Bierhoff/Herner 2009, S.33
148 McFarlin/Sweeney 2010, S.247
149 Vgl. Dammann 2007, S.40
150 Vgl. Bierhoff/Herner 2009, S.17
151 Vgl. Externbrink/Keil 2018, S.9f
152 Vgl. Bierhoff/Herner 2009, S.17f

153 Machiavelli 1990, S.88
154 Vgl. Harris 2010
155 Vgl. Christie/Geis 1970
156 Quelle: Externbrink/Keil 2018, S.11
157 Vgl. Dahling et al. 2009, S.227ff.
158 Dahling et al. 2009, S.228
159 Machiavelli 1990, S.78
160 Vgl. Dahling et al. 2009, S.228
161 Vgl. Drory/Gluskinos 1980, S.85
162 Vgl. auch: Kessler et al. 2010, S.1871
163 Vgl. Drory/Gluskinos 1980, S.81
164 Vgl. Hare 2005, S. ix
165 Hare 2005, S.2
166 Vgl. Burch/McCormick 2009, S.225ff., Dammann 2007, S.93ff., Paulhus/Williams 2002, Hare 2005
167 Vgl. Externbrink/Keil 2018, S.13
168 Vgl. dazu ausführlicher: Furtner 2017, S.11
169 Vgl. dazu Externbrink/Keil 2018, Furtner 2017, Babiak et al. 2010, Burch/McCormick 2009, Boddy 2006
170 Vgl. Boddy 2006
171 Vgl. Hare 2005, S.103
172 Vgl. Boddy et al. 2010, S.126f, Gilbert et al. 2012, S.33, Hossiep/Ringelband 2014
173 Vgl. Boddy et al. 2010
174 Vgl. Basham 2011
175 Hare 2005, S.104
176 Vgl. Boddy 2011
177 Boddy 2011, S.258 (eigene Übersetzung)
178 Vgl. Labaton Sucharow's U.S. Financial Services Industry Survey 2013
179 Vgl. Riggio 2017, S.72
180 Vgl. Hossiep/Ringelband 2014, S.24
181 Vgl. Nevicka et al. 2011
182 Vgl. Chatterjee/Hambrick 2007
183 Vgl. Watts et al. 2013, sowie dazu auch: Weibler/Kuhn 2016
184 Vgl. Lilienfeld et al. 2012
185 Vgl. Grijalva et al. 2015
186 Furtner 2017, S.7
187 Vgl. dazu auch: Kuhn/Weibler 2012, S.59f
188 Vgl. Buckels et al. 2013, Paulhus 2014
189 Vgl. Buckels et al. 2013, S.2201
190 Vgl. Buckels et al. 2013, sowie: Wedlich 2013
191 Middelhoff 2019
192 Vgl. Ludwig/Longenecker 1993, S.265
193 Vgl. Ludwig/Longenecker 1993, S.266f
194 So der Titel des Beitrags von: Ludwig/Longenecker 1993
195 Vgl. Sinha et al. 2012, S.224
196 Vgl. Claxton et al. 2015
197 Vgl. dazu im Besonderen: Claxton et al. 2015
198 Vgl. in diesem Sinne: Sinha et al. 2012, Hayward et al. 2004, S.639
199 Vgl. Meindl et al. 1985
200 Vgl. Hayward et al. 2004, S.638
201 Quelle: Petit/Bollaert 2012, S.270 (eigene Übersetzung)
202 Vgl. Petit/Bollaert 2012, S.268f, Tang et al. 2015, S.1341
203 Vgl. Hayward et al. 2004, Claxton et al. 2015, S.62
204 Vgl. McManus 2018, S.172
205 Vgl. Hayward et al. 2004, S.645
206 Vgl. Claxton et al. 2015, S.66ff.

207 Vgl. McManus 2018, S. 172, Claxton et al. 2015, S. 58, Sinha et al. 2012, Hayward et al. 2004, S. 645
208 Vgl. McManus 2018, S. 172f
209 Vgl. Tang et al. 2015
210 Vgl. McManus 2018
211 Vgl. bspw.: Petit/Bollaert 2012, S. 267
212 Vgl. Hayward 2007
213 Vgl. Owen/Davidson 2009
214 Vgl. Kohn 1993, S. 71f
215 Vgl. Frey/Osterloh 2002, S. 27, Gneezy/Rustichini 2000
216 Vgl. Frey 1997, Osterloh/Frey 2018
217 Vgl. Jensen/Meckling 1976
218 Vgl. in dieser Analogie: Zuboff 2018, S. 57
219 Vgl. Wang/Murnighan 2011, S. 281
220 Reuter 2010, S. 52
221 Vgl. Mizruchi/Marshall 2016
222 Vgl. Mizruchi/Marshall 2016, S. 147f
223 Zimbardo 2008, S. 7
224 Vgl. Zimbardo 2008, S. 5ff.
225 Vgl. https://de.wikipedia.org/wiki/Das_Experiment_(Film); zugegriffen am 26.06.2019
226 Vgl. dazu ausführlich: Zimbardo 2008, sowie zusammenfassend: Schneider 2006, S. 211ff.
227 Vgl. Zimbardo 2008
228 Vgl. originär: Lewin et al. 1939
229 Vgl. Zimbardo 2008, S. xvi
230 Zimbardo 2008, S. 193
231 Vgl. Zimbardo 2008, S. 3
232 Vgl. Zimbardo 2008, S. xviii
233 Vgl. Zimbardo 2008, S. 311ff.
234 Vgl. Zimbardo 2008, S. 10ff.
235 Zimbardo 2008, S. 191
236 Vgl. Miner 2003, sowie dazu auch: Weibler/Thielemann 2018
237 Vgl. Bardes/Piccolo 2010, S. 9
238 Vgl. Locke/Latham 2013
239 Vgl. Schweitzer et al. 2004
240 Vgl. Barsky 2008
241 Vgl. Ordóñez et al. 2009
242 Vgl. Locke/Latham 2009
243 Quelle: Ordóñez et al. 2009, S. 14 (eigene Übersetzung)
244 Vgl. Welsh/Ordóñez 2014
245 Vgl. Welsh/Ordóñez 2014, S. 86
246 Vgl. Bardes/Piccolo 2010
247 Eigener Entwurf auf Basis von: Bardes/Piccolo 2010, S. 12
248 Vgl. Bardes/Piccolo 2010, S. 11ff., sowie: Mawritz et al. 2014
249 Vgl. Sherf et al. 2019
250 Vgl. Byrne et al. 2014
251 Vgl. Fifka/Kraus 2013
252 Dore 2008, S. 1097 (eigene Übersetzung)
253 Epstein 2005, S. 3 (eigene Übersetzung)
254 Vgl. Deutschmann 2013, S. 143f, Davis/Kim 2015, S. 205
255 Vgl. Treeck et al. 2007
256 Vgl. Davis/Kim 2015, S. 205
257 Vgl. nzz.ch 2010
258 Vgl. Das Investment 2015
259 Vgl. Welt.de 2017
260 Vgl. Emunds 2010, S. 103f
261 Vgl. Sablowski 2004, S. 239f

262 Vgl. Sattelberger 2015
263 Vgl. Spiegel Online 2018
264 Davis/Kim 2015, S.210
265 Vgl. Kuhn/Weibler 2017
266 Vgl. Deutschmann 2013
267 Emunds 2010, S.115
268 Vgl. Ernst & Young 2017, LAB 2015, Fika/Kraus 2013
269 Milgram 2004, S.217
270 Vgl. Greenblatt 2018, S.79ff.
271 Vgl. Milgram 2004, sowie übersichtlich: Schneider 2006, S.163ff.
272 Vgl. die Originalanzeige in: Milgram 2004, S.32
273 Quelle: Milgram 2004 (Buchumschlag)
274 Vgl. Milgram 2004, S.30
275 Milgram 2004, S.20
276 Vgl. Milgram 2004, S.11
277 Schwartz 1993
278 Milgram 2004, S.23
279 Vgl. Milgram 2004, S.196ff.
280 Milgram 2004, S.208. Milgram stellte die Ergebnisse seines Experimentes übrigens immer wieder auch in systematischen Zusammenhang mit den unvorstellbaren Gräueltaten im Nationalsozialismus (vgl. Milgram 2004, S.22) sowie im Vietnamkrieg (vgl. Milgram 2004, S.208ff.)
281 Vgl. Burger 2009
282 Vgl. Doliński et al. 2017
283 Milgram 2004, S.27
284 Vgl. Thoroughgood et al. 2012a, S.903ff.
285 Vgl. Lipman-Blumen 2005, S.3ff.
286 Vgl. Lipman-Blumen 2005, S.29ff.; dies. 2005a, S.2ff.
287 Vgl. Kets de Vries 1989, S.9f
288 Vgl Lipman-Blumen 2005a, S.3, ergänzend dazu auch: Weibler/Kuhn 2018
289 Vgl. Lipman-Blumen 2005a, S.3
290 Vgl. Kellerman 2004, S.25ff.
291 Vgl. Thoroughgood et al. 2012a
292 Eigener Entwurf auf Basis von: Thoroughgood et al. 2012a, S.902
293 Vgl. Greenblatt 2018
294 Vgl. Greenblatt 2018, S.9
295 Vgl. Greenblatt 2018, S.79ff.
296 Greenblatt 2018, S.80
297 Walter 2015, S.48
298 Kets de Vries/Miller 1985, S.600 (eigene Übersetzung)
299 Vgl. May et al. 2016, S.273
300 Vgl. Walter 2015, S.48f
301 Vgl. May et al. 2016, S.268ff.
302 Vgl. Ma et al. 2004, S.37ff.
303 Vgl. Marano 1995
304 Vgl. Kellerman 2004, S.237ff.
305 Vgl. Hossiep/Ringelband 2014, S.24
306 Vgl. Sattelberger 2013
307 Hossiep/Ringelband 2014, S.24
308 Vgl. in diesem Sinne bspw.: von der Oelsnitz/Busch 2010, S.187
309 Vgl. https://web.de/magazine/wissen/geschichte/mahatma-gandhis-dunkles-geheimnis-34063126; zugegriffen am 09.10.2019
310 So auch von: Pfeffer 2015, S.212
311 Solscheniyzn 1973, S.167
312 Kaufmann 2019, S.6
313 Vgl. Kaufmann et al. 2019
314 Vgl. Kaufmann et al. 2019

315 Eigener Entwurf auf Basis von: Kaufmann et al. 2019, S.9
316 Vgl. Pieper 1991
317 Vgl. MacIntyre 1998, S.93
318 Vgl. Woodruff 2001, S.6
319 Thomas von Aquin, zit. nach: Honecker 1998, S.169
320 Vgl. Rippe/Schaber 1998, S.12, Hunter 2000
321 Vgl. Palanski/Yammarino 2007, S.175, Honecker 1998, S.168
322 Vgl. MacIntyre 1998, S.96
323 Vgl. Pieper 1991, S.9
324 Vgl. Piper 1991
325 Vgl. Nida-Rümelin 2015
326 Vgl. Pieper 1991, S.15ff.
327 Vgl. Russel 2012, S.195
328 Pieper 1991, S.52
329 Pieper 1991, S.67
330 Vgl. Pieper 1991, S.68
331 Pieper 1991, S.68
332 Vgl. Pieper 1991, S.39, 81, 97
333 Pieper 1991, 161
334 Vgl. Riggio et al. 2010, S.237ff.
335 Vgl. Pieper 1991, S.165
336 Vgl. Pieper 1991, 202f
337 Vgl. Pieper 1991, S.206f
338 Carter 1996, S.5 (eigene Übersetzung)
339 Vgl. Palanski/Yammarino 2007
340 Vgl. Weibler 2016, S.632ff.
341 Horn 2011, Sp. 391
342 Worden 2003, S.34 (eigene Übersetzung)
343 Vgl. dazu ausführlich: Pollmann 2005
344 Eigener Entwurf auf Basis von: Pollmann 2005, S.83
345 Ciulla 2008, S.209
346 Lütge/Uhl 2017, S.33
347 Vgl. Brenkert 2006, S.95
348 Vgl. bspw.: Baker 2007, Crossman/Crossman 2011
349 Vgl. Chaleff 2009
350 Vgl. Detert/Bruno 2017
351 Detert/Bruno 2017, S.594
352 Vgl. Detert/Bruno 2017, S.594
353 Vgl. Lipman-Blumen 2005, S.235ff.
354 Vgl. Endres/Weibler 2019
355 Vgl. Weibler 2016, S.578ff.
356 Vgl. Crevani et al. 2007, S.44
357 Vgl. dazu: Pearce/Conger 2003
358 Vgl. Wegge et al. 2010
359 Vgl. Crevani et al. 2007, S.41
360 Vgl. Fletcher/Käufer 2003, S.22ff., 62
361 Quelle: Crevani et al. 2007, S.48 (eigene Übersetzung)
362 Carsten/Uhl-Bien 2013
363 Furtner 2017, S.3
364 Vgl. Pfeffer 2015
365 Vgl. Pfeffer 2015, S.4
366 Vgl. Pfeffer 2015, S. VIII
367 Pfeffer 2016
368 So die Überschrift eines Interviews mit Jeffrey Pfeffer, vgl. Pfeffer 2016a
369 Vgl. Pfeffer 2015, S.82f
370 Vgl. Weibler 2013

371 Vgl. zu dieser Theorie für den deutschsprachigen Raum insbesondere die Arbeiten von Claudia Dalbert, z.B. Dalbert 2010
372 Vgl. Lerner 1980
373 Lerner/Miller 1978, S.1030f (eigene Übersetzung)
374 Vgl. auch: Pfeffer 2013, S.20
375 Vgl. hierzu: Weibler 2019
376 Vgl. Pfeffer 2016, S.664
377 Hossiep/Ringelband 2014, S.24
378 Vgl. Hossiep/Ringelband 2014, S.24
379 Vgl. Pfeffer 2016, S.665
380 Vgl. Festinger 1978
381 Vgl. Machiavelli 2000
382 Machiavelli 2000, S.45f
383 Vgl. Walzer 1973, S.174ff.
384 Vgl. in diesem Sinne exemplarisch die Metastudie von: Ng/Feldman 2015
385 Pfeffer 2015, S.200
386 Vgl. dazu: Pfeffer 2016, sowie die hier angegebene Literatur
387 Vgl. Pfeffer 2016, S.663
388 Vgl. Pfeffer 2016a
389 Vgl. Sherf et al. 2019
390 Vgl. Tepper 2010
391 Vgl. dazu instruktiv: Frey/Osterloh 2005, Osterloh/Frey 2018, sowie: Thielemann 2010
392 Vgl. Baumeister et al. 2004
393 Vgl. Baumeister et al. 2004, S.357

# Literaturverzeichnis


Aasland, M. S./Skogstad, A./Notelaers, G./Nielsen, M. B./Einarsen, S. (2010): The prevalence of destructive leadership behavior. In: British Journal of Management, 21(2), S.438–452

American Psychiatric Association (2000): Diagnostic and statistical manual of mental disorders (DSM-IV-TR-4th edition, Text Revision), Washington DC

Ashforth, B. (1997): Petty tyranny in organizations: A preliminary examination of antecedents and consequences. In: Canadian Journal of Administrative Science, 14(2), S.126–140

Babiak, P./Neumann, C. S./Hare, R. D. (2010): Corporate psychopathy: Talking the walk. In: Behavioral Sciences and the Law, 28(2), S.174–193

Baker, S. D. (2007): Followership. The theoretical foundation of a contemporary construct. In: Journal of Leadership & Organizational Studies, 14(1), S.50–60

Bardes, M./Piccolo, R. F. (2010): Goal setting as an antecedent of destructive leader behaviors. In: Schyns, B./Hansbrough, T. (Hrsg.): When leadership goes wrong: Destructive leadership, mistakes, and ethical failures, Portsmouth, S.3–22

Barling, J./Christie, A./Turner, N. (2008): Pseudo-transformational leadership: Towards the development and test of a model. In: Journal of Business Ethics, 81(4), S.851–861

Barsky, A. (2008): Understanding the ethical cost of organizational goal-setting: A review and theory development. In: Journal of Business Ethics, 81(1), S.63–81

Basham, B. (2011): Beware corporate psychopaths – they are still occupying positions of power (https://www.independent.co.uk/news/business/comment/brian-basham-beware-corporate-psychopaths-they-are-still-occupying-positions-of-power-6282502.html; zugegriffen am 19.08.2019)

Baumeister, R. F./Bratslaysky, E./Finkenauer, C./Vohs, K. D. (2004): Bad is stronger than good. In: Review of General Psychology, 5(4), S.323–370

Bewernick, M./Schreyögg, G./Costas, J. (2013): Charismatische Führung: Die Konstruktion von Charisma durch die deutsche Wirtschaftspresse am Beispiel von Ferdinand Piëch. In: Schmalenbachs Zeitschrift für betriebswirtschaftliche Forschung, 65(5), S.434–465

Bierhoff, H.-W./Herner, M. J. (2009): Narzissmus – Die Wiederkehr, Bern

Boddy, C. R. (2006): The dark side of management decisions: Organizational psychopaths. In: Management Decision, 44(10), S.1461–1475

Boddy, C. R. (2011): The corporate psychopaths theory of the global financial crisis. In: Journal of Business Ethics, 102(2), S.255–259

Boddy, C. R./Ladyshewsky, R./Galvin, P. (2010): Leaders without ethics in global business: Corporate psychopaths. In: Journal of Public Affairs, 10(3), S.121–138

Brenkert, G. G. (2006): Integrity, responsible leaders and accountability. In: Maak, T./Pless, N. M. (Hrsg.): Responsible leadership, London, S.95–107

Brown, M. E./Treviño, L. K./Harrison, D. A. (2005): Ethical leadership: A social learning perspective for construct development and testing. In: Organizational Behavior and Human Decision Processes, 97(2), S.117–134

Buckels, E. E./Jones, D. N./Paulhus, D. L. (2013): Behavioral confirmation of everyday sadism. In: Psychological Science, 24(11), S.2201–2209

Burch, G. St. J./McCormick, I. (2009): The dark side: Relationships with psychopaths at work. In: Morrison, R. L./Wright, S. L. (Hrsg.): Friends and enemies in organizations, Houndmills, S.224–249

Burger, J. M. (2009): Replicating Milgram. Would people still obey today? In: American Psychologist, 64(1), S.1–11

Byrne, A./Dionisi, A.M./Barling, J./Akers, A./Robertson, J./Lys, R./Wylie, J./Dupré, K. (2014): The depleted leader: The influence of leaders diminished psychological resources on leadership behaviors. In: The Leadership Quarterly, 25(2), S.344–357

Carroll, A. B./Shabana, K. M. (2010): The business case for corporate social responsibility: A review of concepts, research and practice. In: International Journal of Management Reviews, 12(1), S.85–105

Carsten, M.K./Uhl-Bien, M. (2013): Ethical followership: An examination of followership beliefs and crimes of obedience. In: Journal of Leadership & Organizational Studies, 20(1), S.49–61

Carter, S. L. (1996): Integrity, New York

Chaleff, I. (2009): The courageous follower: Standing up to & for our leaders, San Francisco

Chatterjee, A./Hambrick, D. C. (2007): It's all about me: Narcissistic officers and their effects on company strategy and performance. In: Administrative Science Quarterly, 52(3), S.351–386

Christie, R./Geis, F. L. (Hrsg.) (1970): Studies in Machiavellianism, New York et al.

Ciulla, J. B. (2008): Gute Führung: Technik, Taktik oder Tugend? In: Thomas, H./Hattler, J. (Hrsg.): Ethik im Dienst der Unternehmensführung, Marburg, S.201–218

Claxton, G./Owen, D./Sadler-Smith, E. (2015): Hubris in leadership: A peril of unbridled intuition? In: Leadership, 11(1), S.57–78

Clements, C./Washbush, J. B. (1999): The two faces of leadership: Considering the dark side of leader-follower dynamics. In: Journal of Workplace Learning, 11(5), S.170–175.

Crossman, B./Crossman, J. (2011): Conceptualising followership – a review of the literature. In: Leadership, 7(4), S.481–497

Craig, S. B./Gustafson, S. B. (1998): Perceived leader integrity scale: An instrument for assessing employee perceptions of leader integrity. The Leadership Quarterly, 9(2), S.127–145

Crevani, L./Lindgren, M./Packendorff, J. (2007): Shared leadership: A postheroic perspective on leadership as a collective construction. In: International Journal of Leadership Studies, 3(1), S.40–67

Dahling, J. J./Whitaker, B. G./Levy, P. E. (2009): The development and validation of a New Machiavellianism Scale. In: Journal of Management, 35(2), S.219–257

Dalbert, C. (2010): Glaube in einer (un-)gerechten Welt. In: Grözinger, G./Matiaske, W. (Hrsg.): Ökonomie und Gesellschaft Jahrbuch 22: Religion@Gesellschaft, Marburg, S.111–128

Das Investment (2015): So viel verdienen die bestbezahlten Hedgefonds-Manager 2014 (https://www.dasinvestment.com/bis-zu-13-milliarden-dollar-so-viel-verdienten-die-10-bestbezahlten-hedgefonds-manager-2014/; zugegriffen am 05.11.2019)

Dammann, G. (2007): Narzissten, Egomanen, Psychopathen in der Führungsetage: Fallbeispiele und Lösungswege für ein wirksames Management, Bern

Davis, G. F. (2009): Managed by the markets. How finance re-shaped America, Oxford

Davis, G. F./Kim, S. (2015): Financialization of the economy. In: The Annual Review of Sociology, 41, S.203–221

Detert, J. R./Bruno, E. A. (2017): Workplace courage: Review, synthesis, and future agenda for a complex construct. In: Academy of Management Annals, 11(2), S.593–639

Deutschmann, C. (2013): Finanzialisierung als Hegemonie des Rentiers: Eine soziologische Analyse. In: Pahl, H./Sparsam, J. (Hrsg.): Wirtschaftswissenschaft als Oikodizee? Wiesbaden, S.141–158

DGB (2019): DBG-Index Gute Arbeit kompakt (https://index-gute-arbeit.dgb.de/veroeffentlichungen/kompakt/++co++7e0fcbb8-1f0c-11e9-a224-52540088cada; zugegriffen am 19.08.2019)

Doliński, D./Grzyb, T./Folwarczny, M./Grzybała, P./Krzyszycha, K./Martynowska, K./Trojanowski, J. (2017): Would you deliver an electric shock in 2015? Obedience in the experimental paradigm developed by Stanley Milgram in the 50 years following the original studies. In: Social Psychology and Personality Science, 8(8), S.927–933

Dore, R. (2008): Financialization of the global economy. In: Industrial and Corporate Change, 17(6), S.1097–1112

Drory, A./Gluskinos, U. M. (1980): Machiavellianism and leadership. In: Journal of Applied Psychology, 65(1), S.81–86

Duffy, M. K./Ganster, D./Pagon, M. (2002): Social undermining in the workplace. In: Academy of Management Journal, 45(2), S.331–351

Einarsen, S./Aasland, M. S./Skogstad, A. (2007): Destructive leadership behaviour: A definition and conceptual model. In: The Leadership Quarterly, 18(3), S.207–216

Emunds, B. (2010): Renditedruck der Finanzmärkte – schwere Zeiten für die Unternehmensethik. In: Zeitschrift für Wirtschafts- und Unternehmensethik, 11(2), S.97–121

Endres, S./Weibler, J. (2019): Plural Leadership: Eine zukunftsweisende Alternative zur One-Man-Show, Wiesbaden

Epstein, G. (2005): Introduction: Financialization and the world economy. In: Epstein, G. (Hrsg.): Financialization and the world economy, Cheltenham, S.3–16

Ernst & Young (2017): Emaia fraud survey – Ergebnisse für Deutschland (https://acfe.de/wp-content/uploads/0073f20171006_012_Studie_2017_EY_EMEIA-Fraud-Survey-Ergebnisse-fuer-Deutschland.pdf; zugegriffen am 20.08.2019)

Externbrink, K./Keil, M. (2018): Narzissmus, Machiavellismus und Psychopathie in Organisationen. Theorien, Methoden und Befunde zur dunklen Triade, Wiesbaden

Felber, C. (2018). Gemeinwohl-Ökonomie, München

Ferris, G. R./Zinko, R./Brouer, R. L./Buckley, M. R./Harvey, M. G. (2007): Strategic bullying as a supplementary, balanced perspective on destructive leadership. In: The Leadership Quarterly, 18(3), 195–206

Festinger, L. (1978): Theorie der kognitiven Dissonanz, Göttingen

Fifka, M./Kraus, S. (2013): Das mittlere Management – Rollenkonflikt, Leistungsdruck und Moral, Köln (http://www.juergen-meyer-stiftung.de/stiftung-ethik-pdf/CBS-JMS-Fifka_und_Kraus-Das_mittlere_Management.pdf; zugegriffen am 20.08.2019)

Flechter, J. K./Käufer, K. (2003): Shared leadership: Paradox and possibility. In: Pearce, C. L./Conger, J. A. (Hrsg.): Shared leadership: Reframing the hows and whys of leadership, Thousand Oaks, S.21–47

Fleming, P./Jones, M. T. (2013): The end of corporate social responsibility. Crisis & critique, Los Angeles

Fitzduff, M. (Hrsg.) (2017): Why irrational politics appeals. Understanding the allure of Trump, Santa Barbara

Foot, P. (1978): Virtues and vices. And other essays in moral philosophy, Oxford

Frey, B. S. (1997): Markt und Motivation. Wie ökonomische Anreize die (Arbeits-)Moral verdrängen, München

Frey, B. S./Osterloh, M. (2002): Managing Motivation. Wie Sie die neue Motivationsforschung für Ihr Unternehmen nutzen können, 2. Aufl., Wiesbaden

Frey, B. S./Osterloh, M. (2005): Yes, managers should be paid like bureaucrats, CESifo working paper No.1379 (http://papers.ssrn.com/sol3/papers.cfm?abstract_id=555697, zugegriffen am 23.03.2012)

Furtner, M. (2017): Dark Leadership. Narzisstische, machiavellistische und psychopathische Führung, Wiesbaden

Gardner, J. W. (1990): On leadership, New York

Gilbert, J. A./Carr-Ruffino, N./Ivancevich, J. M./Konopaske, R. (2012): Toxic versus cooperative behaviors at work: The role of organizational culture and leadership in creating community-centered organizations. In: International Journal of Leadership Studies, 7(1), S.29–47

Gini, A./Green, R. M. (2012): Bad leaders/Misleaders. In: Business and Society Review, 117(2), S.143–154

Gnezzy, U./Rustichini, A. (2000): A fine is a price. In: The Journal of Legal Studies, 29(1), S.1–17

Gowans, C. W. (1987): Introduction: The debate on moral dilemmas. In: Gowans, C. W. (Hrsg.): Moral dilemmas, Oxford, S.3–33

Greenblatt, S. (2018): Der Tyrann. Shakespeares Machtkunde für das 21. Jahrhundert, München

Griffin, R. W./O'Leary-Kelly, A.M. (2004): An introduction to the dark side. In: Griffin, R. W./O'Leary-Kelly, A.M. (Hrsg.): The dark side of organizational behavior, San Francisco, S.1–19

Grijalva, E./Harms, P. D./Newman, D. A./Gaddis, B. H./Fraley, R. C. (2015): Narcissism and leadership: A meta-analytic review of linear and nonlinear relationships. In: Personnel Psychology, 68(1), S.1–47

Groening, C./Kanuri, V. K. (2013): Investor reaction to positive and negative corporate social events. In: Journal of Business Research, 66(10), S.1852–1860

Habermas, J. (1988): Moralbewusstsein und kommunikatives Handeln, Frankfurt a.M.

Habermas, J. (1991): Erläuterungen zur Diskursethik, Frankfurt a.M.

Hare, R. D. (2005): Gewissenlos: Die Psychopathen unter uns, Wien

Harris, P. (2010): Machiavelli and the global compass: Ends and means in ethics and leadership. In: Journal of Business Ethics, 93 (Supplement 1), S.131–138

Hayward, M. L. A. (2007): Ego check. Why executive hubris is wrecking companies and careers and how to avoid the trap, Chicago

Hayward, M. L. A./Rindova, V. P./Pollock, T. G. (2004): Believing one's own press: The causes and consequences of CEO celebrity. In: Strategic Management Journal, 25(7), S.637–653

Hecker, C. (2011): Soziale Marktwirtschaft und Soziale Gerechtigkeit – Mythos, Anspruch und Wirklichkeit. Die Konzeption des Ordoliberalismus und die praktische Wirtschaftspolitik in der bundesdeutschen Nachkriegsgeschichte unter besonderer Berücksichtigung der wirtschaftsethischen Leitmotive. In: Zeitschrift für Wirtschafts- und Unternehmensethik, 12(2), S.269–294

Hetzer, W. (2015): Ist die Deutsche Bank eine kriminelle Vereinigung? Frankfurt a.M.

Hiß, S. (2009): Corporate Social Responsibility – Innovation oder Tradition. Zum Wandel der gesellschaftlichen Verantwortung in Deutschland. In: Zeitschrift für Wirtschafts- und Unternehmensethik, 10(3), S.287–303

Honecker, M. (1998): Schwierigkeiten mit dem Begriff Tugend. Die Zweideutigkeit der Tugend. In: Rippe, K. P./Schaber, P. (Hrsg.): Tugendethik, Stuttgart, S.166–184

Horn, C. (2011): Güterabwägung. In: Düwell, M./Hübenthal, C./Werner, M. C. (Hrsg.): Handbuch Ethik, 3.Aufl., Stuttgart, S.391–396

Hossiep, R./Ringelband, O. (2014): Psychopathische Persönlichkeitsfacetten im Top-Management: Persönlichkeitseigenschaften und Derailment-Risiken von Top-Managern. In: Wirtschaftspsychologie, 3, S.1–27

Hunter, J. D. (2000): The death of character: Moral education in an age without good or evil, New York

Isaacson, W. (2011): Steve Jobs. Die autorisierte Biografie des Apple-Gründers, München

Jensen, M. C./Meckling, W. H. (1976): Theory of the firm: Managerial behavior, agency costs and ownership structure. In: Journal of Financial Economics, 3(4), S.305–360

Kalshoven, K./Den Hartog, D. N./De Hoog, A. H. B. (2011): Ethical leadership at work questionnaire (ELW): Development and validation of a multidimensional measure. In: The Leadership Quarterly, 22(1), S.51–69

Kant, I. (1978): Grundlegung der Metaphysik der Sitten (1785). In: Werkausgabe Band VII, hrsg. von W. Weischedel, 4.Aufl., Frankfurt a.M., S.7–102

Kaufmann, S. B. (2019): The Light Triad vs. Dark Triad of personality (https://blogs.scientificamerican.com/beautiful-minds/the-light-triad-vs-dark-triad-of-personality/; zugegriffen am 08.10.2019)

Kaufmann, S. B./Yaden, D. B./Hyde, E./Tsukayama, E. (2019): The Light vs. Dark Triad of personality: Contrasting two very different profiles of human nature. In: Frontiers of Psychology, 10, S.1–26

Kellerman, B. (2004): Bad leadership. What it is, how it happens, why it matters, Boston

Kelly, M. (2003): The divine right of capital. Dethroning the corporate aristocracy, San Fransisco

Kessler, S. R./Bandelli, A. C./Spector, P. E./Borman, W. C./Nelson, C. E./Penney, L. M. (2010): Re-examining Machiavelli: A three-dimensional model of Machiavellianism in the workplace. In: Journal of Applied Social Psychology, 40(8), S.1868–1896

Kets de Vries, M. F. R. (1989): Leaders who self-destruct: The causes and cures. In: Organizational Dynamics, 17(4), S.5–17

Kets de Vries, M. F. R./Miller, D. (1985): Narcissism and leadership: An object relations perspective. In: Human Relations, 38(6), S.583–601

Klaußner, S. (2012): Die dunkle Seite der Führung – Stand der Forschung und offene Fragen. In: Arbeit, 21(1), S.5–19

Kohn, A. (1993): Punished by rewards: The trouble with gold stars, incentive plans, A's, praise, and other bribes, Boston

Köhler, W. (2017): Police – „Behind My Camel" (https://www.swr.de/swr1/rp/Hits-und-Storys-Police-Behind-My-Camel,article-swr-8536.html; zugegriffen am 19.08.2019)

Krasnikova, D. V./Green, S. G./LeBreton, J. M. (2013): Destructive leadership: A theoretical review, integration, and future research agenda. In: Journal of Management, 39(5), S.1308–1338

Küfner, A. C. P./Dufner, M./Back, M. D. (2015): Das Dreckige Dutzend und die Niederträchtigen Neun. Kurzskalen zur Erfassung von Narzissmus, Machiavellismus und Psychopathie. In: Diagnostica, 61(2), S.76–91

Kuhn, T. (2009): Ethik im Personalmanagement. In: Scholz, C. (Hrsg.): Vahlens Großes Personallexikon, München, S.315–318.

Kuhn, T./Weibler, J. (2011): Ist Ethik ein Erfolgsfaktor? Unternehmensethik im Spannungsfeld von Oxymoron Case, Business Case und Integrity Case. In: Zeitschaft für Betriebswirtschaft, 81(Special Issue 1), S.93–118.

Kuhn, T./Weibler, J. (2012): Führungsethik in Organisationen, Stuttgart

Kuhn, T./Weibler, J. (2016): Management-Derailment und System-Derailment. Zum Konnex zweier Probleme. In: Organisationsberatung Supervision Coaching, 23(2), S.133–146

Kuhn, T./Weibler, J. (2017): Integre Führung in einer finanzialisierten Wirtschaft – ein schwieriges Unterfangen! In: Forum Wirtschaftsethik, 25, S.54–62

LAB (2015): Consulting Barometer: Betrugspotenzial im Zeitalter der Digitalisierung (http://docplayer.org/46439974-Betrugspotential-im-zeitalter-der-digitalisierung.html; zugegriffen am 20.08.2019)

Labaton Sucharow's U.S. Financial Services Industry Survey (2013): Wall Street in crisis: A perfect storm looming (https://s3.amazonaws.com/s3.documentcloud.org/documents/726869/wall-street-in-crisis-a-perfect-storm-looming.pdf; zugegriffen am 19.08.2019)

Lang, R./Rybnikova, I. (2014): Aktuelle Führungstheorien und -konzepte, Wiesbaden

Lerner, M. J. (1980): The belief in a just world: A fundamental delusion, New York

Lerner, M. J./Miller, D. (1978): Just world research and the attribution process: Looking back and ahead. In: Psychlogical Bulletin, 85, S.1030–1051

Lewin, K./Lippitt, R./White, R. K. (1939): Patterns of aggressive behavior in experimentally created "social climates". In: The Journal of Social Psychology, 10(2), S.269–299

Lilienfeld, S. O./Waldman, I. D./Landfield, K./Watts, A. L./Rubenzer, S./Faschingbauer, T. R. (2012): Fearless dominance and the U.S. presidency: Implications of psychopathic personality traits for successful and unsuccessful political leadership. In: Journal of Personality and Social Psychology, 103(3), S.489–505

Lin, S.-H./Scott, B. A./Matta, F. K. (2018): The dark side of transformational leader behaviors for leaders themselves: A conversation of resources perspective. In: Academy of Management Journal, https://doi.org/10.5465/amj.2016.1255

Linstead, S./Maréchal, G./Griffin, R. W. (2014): Theorizing and researching the dark side of organization. In: Organization Studies, 35(2), S.165–188

Lipman-Blumen, J. (2005): The allure of toxic leaders: Why we follow destructive bosses and corrupt politicians – and how we can survive them, New York

Lipman-Blumen, J. (2005a): The allure of toxic leaders: Why followers rarely escape their clutches. In: Ivey Business Journal, 69(3), S.1–8

Liu, D./Liao, H./Loi, R. (2012): The dark side of leadership: A three-level investigation of the cascading effect of abusive supervision on employee creativity. In: Academy of Management Journal, 55(5), S.1187–1212

Locke, E. A./Latham, G. P. (2009): Has goal setting gone wild, or have its attackers abandoned good scholarship? In: Academy of Management Perspectives, 23(2), S.17–23

Locke, E. A./Latham, G. P. (Hrsg.) (2013): New developments in goal setting and task performance, New York

Lubit, R. (2002): The long-term organizational impact of destructively narcissistic managers. In: Academy of Management Executive, 16(1), S.127–138

Ludwig, D. C./Longenecker, C. O. (1993): The Bathsheba Syndrome: The ethical failure of successful leaders. In: Journal of Business Ethics, 12(4), S. 265–273

Lütge, C./Uhl, M. (2017): Wirtschaftsethik, München

Ma, H./Karri, R./Chittipeddi, K. (2004): The paradox of managerial tyranny. In: Business Horizons, 47(4), S. 33–40

Maccoby, M. (2000): Narcissistic leaders: The incredible pros, the inevitable cons. In: Harvard Business Review, 78(1), S. 69–77

Machiavelli, N. (1990): Der Fürst, Frankfurt a. M.

Machiavelli, N. (2000): Discorsi. Staat und Politik, Frankfurt a. M.

MacGregor Burns, J. (1978): Leadership, New York

MacIntyre, A. (1998): Das Wesen der Tugenden. In: Rippe, K. P./Schaber, P. (Hrsg.): Tugendethik, Stuttgart, S. 92–113

Marano, H. E. (1995): When the boss is a bully (http://www.stybelpeabody.com/pdf/psychologytodaybullyboss.pdf; zugegriffen am 19.08.2019)

Martinko, M. J./Harvey, P./Sikora, D./Douglas, S. C. (2011): Perceptions of abusive supervision: The role of subordinates' attribution styles. In: The Leadership Quarterly, 22(4), S. 751–764

Mawritz, M. B./Mayer, D. M./Hoobler, J. M./Wayne, S. J./Marinova, S. V. (2012): A trickle-down-model of abusive supervision. In: Personnel Psychology, 65(2), S. 325–357

Mawritz, M. B./Folger, R./Latham, G. P. (2014): Supervisors' exceedingly difficult goals and abusive supervision: The mediating effects of hindrance stress, anger, and anxiety. In: Journal of Organizational Behavior, 35, S. 358–372

May, D./Schilling, J./Schyns, B. (2016): Destruktive Führung erkennen und verhindern. In: Felfe, J./van Dick, R. (Hrsg.): Handbuch Mitarbeiterführung, Berlin, S. 265–277

McCabe, D. (2014): Light in the darkness? Managers in the back office of a Kafkaesque bank. In: Organization Studies, 35(2), S. 255–278

McCall, M. W./Lombardo, M. M. (1983): Off the track: Why and how successful executives get derailed. In: Technical Report, 21, S. 1–3

McFarlin, D. B./Sweeney, P. D. (2010): The corporate reflecting pool: Antecedents and consequences of narcissism in executives. In: Schyns, B./Hansbrough, T. (Hrsg.): When leadership goes wrong: Destructive leadership, mistakes, and ethical failures, Portsmouth, S. 247–283

McManus, J. (2018): Hubris and unethical decision making: The tragedy of the uncommon. In: Journal of Business Ethics, 149(1), S. 169–185

Meindl, J. R./Ehrlich, S. B./Dukerich, J. M. (1985): The romance of leadership. In: Adminstrative Science Quarterly, 30(1), S. 78–102

Middelhoff, T. (2019): „Es war die Gier nach Anerkennung" (Interview). In: Frankfurter Allgemeine (https://www.faz.net/aktuell/feuilleton/buecher/themen/thomas-middelhoff-im-gespraech-ueber-schuldig-16336604.html?printPagedArticle=true#pageIndex_2; zugegriffen am 20.08.2019)

Milgram, S. (2004): Das Milgram-Experiment: Zur Gehorsamsbereitschaft gegenüber Autorität, 14. Aufl., Reinbek

Miner, J. B. (2003): The rated importance, scientific validity, and practical usefulness of organizational behavior theories: A quantitative review. In: Academy of Management Learning and Education, 2(3), S. 250–268

Mitchell, L. C. (2002): Der parasitäre Konzern. Shareholder Value und der Abschied von der gesellschaftlichen Verantwortung, München

Mizruchi, M. S./Marshall II, L. J. (2016): Corporate CEOs, 1890 – 2015: Titans, bureaucrats, and saviors. In: The Annual Review of Sociology, 42, S. 143–163

Nevicka, B./Ten Velden, F. S./De Hoogh, A. H. B./Van Vianen, A. E. M. (2011): Reality at odds with perceptions: Narcissistic leaders and group performance. In: Psychological Science, 22(10), 1259–1264

Ng, T. W. H./Feldman, D. C. (2015): Ethical leadership: Meta-analytic evidence of criterion-related and incremental validity. In: Journal of Applied Psychology, 100(3), S. 948–965

Nida-Rümelin, J. (2015): Die Optimierungsfalle. Philosophie einer humanen Ökonomie, 2. Aufl., München nzz.ch (2010): Hedge-Funds-Managern geht es auch in der Krise gut (https://www.nzz.ch/hedge_funds_manager_loehne_gehaelter_krise_rekord-1.5364373; zugegriffen am 05.11.2019)

O'Connor, J./Mumford, M. D./Clifton, T. C./Gessner, T. L./Connelly, M. S. (1995): Charismatic leaders and destructiveness. A historiometric study. In: The Leadership Quarterly, 6(4), S.529–555

Ordóñez, L. D./Schweitzer, M. E./Galinsky, A. D./Bazerman, M. H. (2009): Goals gone wild: The systematic side effects of overprescribing goal setting. In: Academy of Management Perspectives, 23(1), S.1–16

Osterloh, M./Frey, B. S. (2018): Managing Motivation. Warum das Thema heute noch brennender ist. In: Sulzberger, M./Zaugg, R. (Hrsg.): Management Wissen. Was Leader erfolgreich macht, Wiesbaden, S.43–49

Owen, D./Davidson, J. (2009): Hubris syndrome: An acquired personality disorder? A study of US presidents and UK prime ministers over the last 100 years. In: Brain, 132(5), S.1396–1406

Palanski, M. E./Yammarino, F. J. (2007): Integrity and leadership: Clearing the conceptual confusion. In: European Management Journal, 25(3), S.171–184

Paulhus, D. L. (2014): Toward a taxonomy of dark personalities. In: Current Directions in Psychological Science, 23(6), S.421–426

Paulhus, D. L./Williams, K. M. (2002): The Dark Triad of personality: Narcissism, Machiavellianism, and psychopathy. In: Journal of Research in Personality, 36(6), S.556–563

Pearce, C. L./Conger, J. A. (Hrsg.) (2003): Shared leadership: Reframing the hows and whys of leadership, Thousand Oaks

Pearson, C. M./Andersson, L. M./Porath, C. L. (2000): Assessing and attacking workplace incivility. In: Organizational Dynamics, 29(2), S.123–137

Petit, V./Bollaert, H. (2012): Flying too close to the sun? Hubris among CEOs and how to prevent it. In: Journal of Business Ethics, 108(3), S.265–283

Pieper, J. (1991): Das Viergespann. Klugheit Gerechtigkeit Tapferkeit Mass, 6. Aufl., München

Pfeffer, J. (2013): Macht. Warum manche sie haben und andere nicht, Kulmbach

Pfeffer, J. (2015): Leadership BS. Fixing workplaces and careers one truth at a time, New York

Pfeffer, J. (2016): Why the assholes are winning: Money trumps all. In: Journal of Management Studies, 53(4), S.663–669

Pfeffer, J. (2016a): "Wer erfolgreich sein will, muss fies sein" (Interview). In: Spiegel Online (https://www.spiegel.de/karriere/manager-wer-erfolgreich-sein-will-muss-fies-sein-a-1115117.html; zugegriffen am 20.08.2019)

Pollmann, A. (2005): Integrität. Aufnahme einer sozialphilosophischen Personalie, Bielefeld

Porath, C. L./Pearson, C. M. (2010): The costs of bad behavior. In: Organizational Dynamics, 39(1), S.64–71

Price, T. L. (2006): Understanding the ethical failures in leadership, Cambridge

Raith, D. (2013): Mythos CSR. Zur Verwertung von Verantwortung und Beratung, Berlin

Rappaport, A. (1986): Creating Shareholder Value. A guide for managers and investors, New York

Reich, R. (2008): Superkapitalismus. Wie die Wirtschaft unsere Demokratie untergräbt, Frankfurt a. M.

Reuter, E. (2010): Stunde der Heuchler: Wie Manager und Politiker uns zum Narren halten, Berlin

Riggio, R. E. (2017): Power, persuasion, and bad leadership. In: Fitzduff, M. (Hrsg.): Why irrational politics appeals. Understanding the allure of Trump, Santa Barbara, S.71–85

Riggio, R. E./Zhu, W./Reina, C./Maroosis, J. A. (2010): Virtue-based measurement of ethical leadership: The leadership virtue questionnaire. In: Consulting Psychology Journal: Practice and Research, 62(4), S.235–250

Rippe, K. P./Schaber, P. (1998): Einleitung. In: Rippe, K. P./Schaber, P. (Hrsg.): Tugendethik, Stuttgart, S.7–18

Rosenthal, S. A./Pittinsky, T. L. (2006): Narcissistic leadership. In: The Leadership Quarterly, 17(6), S.617–633

Rotmann, J. M. (2000) (Hrsg.): Über Freuds „Zur Einführung in den Narzissmus", Stuttgart

Rowold, J./Borgmann, L./Heinitz, K. (2009): Ethische Führung – Gütekriterien einer deutschen Adaption der Ethical Leadership Scale (ELS-D) von Brown et al. (2005). In: Zeitschrift für Arbeits- und Organisationspsychologie, 53(2), S.57–69

Russel, B. (2012): Philosophie des Abendlandes. Ihr Zusammenhang mit der politischen und der sozialen Entwicklung, Lizenzausgabe (1. Aufl. 1950) Köln

Sablowski, T. (2004): Shareholder Value. In: Bröcking, U./Krasmann, S./Lemke, T. (Hrsg.): Glossar der Gegenwart, Frankfurt a. M., S.236–243

Sandel, M. J. (2016): Gerechtigkeit. Wie wir das Richtige tun, 4. Aufl., Berlin

Sattelberger, T. (2013): „Schmid holt Schmidchen" (Interview). In: Handelsblatt, 4. Oktober, S.62f

Sattelberger, T. (2015): "Die Sowjetunion hat auch lange funktioniert" (Interview). In: Süddeutsche Zeitung, 16. Oktober, S.18

Schmid, E. A./Verdorfer, A. P./Peus, C. V. (2018): Different shades – different effects? Consequences of different types of destructive leadership. In: Frontiers of Psychology, 9, S.1–13

Schmid, E. A./Verdorfer, A. P./Peus, C. V. (2019): Shedding light on leader's self-interest: Theory and measurement of exploitative leadership. In: Journal of Management, 45(4), S.1401–1433

Schneider, R. U. (2006): Das Buch der verrückten Experimente, 3. Aufl., München

Schulte von Drach, M. C. (2017): Die Psyche des US-Präsidenten und das Dilemma der Experten (https://www.sueddeutsche.de/gesundheit/narzissmus-trumps-psyche-und-das-dilemma-der-experten-1.3615637; zugegriffen am 19.08.2019)

Schwartz, S. (1993): Wie Pawlow auf den Hund kam: Klassische Experimente der Psychologie, München

Schweitzer, M. E./Ordóñez, L./Douma, B. (2004): Goal setting as a motivator of unethical behavior. In: Academy of Management Journal, 47(3), S.422–432

Schyns, B./Schilling, J. (2013): How bad are the effects of bad leaders? A meta-analysis of destructive leadership and its outcomes. In: The Leadership Quarterly, 24(1), S.138–158

Shaw, J. B./Erickson, A./Harvey, M. (2011): A method for measuring destructive leadership and identifying types of destructive leaders in organizations. In: The Leadership Quarterly, 22(4), S.575–590

Sherf, E. N./Venkataramani, V./Gajendran, R. S. (2019): Too busy to be fair? The effect of workload and rewards on managers' justice rule adherence. In: Academy of Management Journal, 62(2), S.469–502

Sinha, P. N./Inkson, K./Barker, J. R. (2012): Committed to a failing strategy: Celebrity CEO, intermediaries, media and stakeholders in a co-created drama. In: Organization Studies, 33(2), S.223–245

Skogstad, A./Einarsen, S./Torsheim, T./Aasland, M. S./Hetland, H. (2007): The destructiveness of laissez-faire leadership behavior. In: Journal of Occupational Health Psychology, 12(1), S.80–92.

Solschenizyn, A. (1973): Der Archipel Gulag, Bern

Spiegel Online (2018): Führungskrise: Investor Elliott drängt auf Chefwechsel bei Thyssenkrupp (https://www.spiegel.de/wirtschaft/unternehmen/thyssenkrupp-investor-elliott-draengt-auf-neue-fuehrung-a-1219240.html; zugegriffen am 20.08.2019)

Spiegel Online (2019): Medienbericht zu Cum-Ex-Geschäften. Justiz ermittelt offenbar gegen Ackermann (https://www.spiegel.de/wirtschaft/unternehmen/deutsche-bank-justiz-ermittelt-offenbar-gegen-josef-ackermann-a-1271265.html; zugegriffen am 05.11.2019)

Spiegel Online (2019a): Abgasskandal. Staatsanwaltschaft erhebt Anklage gegen VW-Führungsriege (https://www.spiegel.de/wirtschaft/unternehmen/vw-abgasskandal-staatsanwaltschaft-erhebt-anklage-gegen-herbert-diess-und-martin-winterkorn-a-1288315.html; zugegriffen am 05.11.2019)

Spiegel Online (2019b): Angeklagter Nissan Ex-Chef Ghosn: Vom Supermanager zum Superschurken (https://www.spiegel.de/wirtschaft/unternehmen/carlos-ghosn-vom-supermanager-zum-superschurken-a-1261530.html; zugegriffen am 19.08.2019)

Spiegel Online (2019c): Shareholder Value: US-Konzerne verabschieden sich vom Aktionärs-Mantra (https://www.spiegel.de/wirtschaft/unternehmen/usa-abschied-vom-shareholder-value-was-steckt-hinter-dem-vorstoss-a-1282746.html; zugegriffen am 30.10.2019)

Stout, L. (2012): The shareholder value myth. How putting shareholders first harms investors, corporations, and the public, San Fransisco

Süddeutsche.de (2010): Kündigungsgrund Nummer eins: der Chef (https://www.sueddeutsche.de/karriere/ungluecklich-im-job-kuendigungsgrund-nummer-eins-der-chef-1.163790; zugegriffen am 19.08.2019)

Summers, A. (2006): One train later. A memoir, New York

Sutton, R. I. (2007): Der Arschloch-Faktor. Vom geschickten Umgang mit Aufschneidern, Intriganten und Despoten im Unternehmen, München

Tagesanzeiger (2011): Wie Steve Jobs seine Mitarbeiter schikanierte (https://www.tagesanzeiger.ch/digital/computer/Wie-Steve-Jobs-seine-Mitarbeiter-schikanierte/story/18477181; zugegriffen am 19.08.2019)

Tang, Y./Qian, C./Chen, G./Shen, R. (2015): How CEO hubris affects corporate social (ir) responsibility. In: Strategic Management Journal, 36(9), S. 1338–1357

Temes, P. (2005): Dirty hands, necessary sin, and the ethics of leaders. In: Ciulla, J. B./Price, T. L./Murphy, S. E. (Hrsg.): The quest for moral leaders: Essays on leadership, Cheltenham/Northampton, S. 98–109

Tepper, B. J. (2000): Consequences of abusive supervision. In: Academy of Management Journal, 43(2), S. 178–190

Tepper, B. J. (2007): Abusive supervision in work organizations: Review, synthesis, and research agenda, in: Journal of Management, 33(3), S. 261–289

Tepper, B. J. (2010): When managers pressure employees to behave badly: Toward a comprehensive response. In: Business Horizons, 53(6), S. 591–598

Thielemann, U. (2002): Ethik – Was ist das eigentlich? In: Via Europa. The Multilingual Review for the Future Managers of Europe, Nr. XII, S. 6–9

Thielemann, U. (2010): Anforderungen an Vergütungssysteme von Instituten und Versicherungsunternehmen / Bonisteuer für Finanzbranche einführen (http://www.mem-wirtschaftsethik.de/fileadmin/user_upload/mem-denkfabrik/2015/StellungnahmeUTthielemann_korrigiert.pdf; zugegriffen am 05.11.2019)

Thompson, J. J. (1985): The trolley problem. In: The Yale Law Journal, 94(6), S. 1395–1415

Thoroughgood, C. N./Tate, B. W./Sawyer, K. B./Jacobs, R. (2012): Bad to the bone: Empirically defining and measuring destructive leader behavior. In: Journal of Leadership & Organizational Studies, 19(2), S. 230–255

Thoroughgood, C. N./Padilla, A./Hunter, S. T./Tate, B. W. (2012a): The susceptible circle: A taxonomy of followers associated with destructive leadership. In: The Leadership Quarterly, 23(5), S. 897–917

tn3.de (2018): Schlechte Führungskräfte kosten Deutschland zwischen 77 und 103 Milliarden Euro (https://t3n.de/news/schlechte-fuehrungskraefte-kosten-deutschland-zwischen-77-und-103-milliarden-euro-1105820/; zugegriffen am 19.08.2019)

Treeck, T. v./Hein, E./Dünhaupt, P. (2007): Finanzsystem und wirtschaftliche Entwicklung in den USA und in Deutschland im Vergleich – Eine makroökonomische Skizze. In: WSI Mitteilungen, 12, S. 635–642

Treviño, L. K./Hartman, L. P./Brown, M. E. (2000): Moral person and moral manager: How executives develop a reputation for ethical leadership. In: California Management Review, 42(4), S. 128–142

Ulrich, P. (2016): Integrative Wirtschaftsethik. Grundlagen einer lebensdienlichen Ökonomie, 5. Aufl., Bern

Volkan, V. D. (2006): Großgruppen und ihre politischen Führer mit narzisstischer Persönlichkeitsorganisation. In: Kernberg, O. F./Hartmann, H.-P. (Hrsg.): Narzissmus: Grundlagen – Störungsbilder – Therapie, Stuttgart, S. 205–227.

von der Oelsnitz, D./Busch, M. W. (2010): Narzisstische Manager – falsche Götter am Unternehmenshimmel? In: Zeitschrift Führung und Organisation, 78(3), S. 186–188

Walter, F. (2015): Ursachen und Folgen destruktiver Führung. In: Personal Quarterly, 3, S.46–49

Walzer, M. (1973): Political action: The problem of dirty hands. In: Philosophy and Public Affairs, 2(2), S.160–180.

Wang, L./Murnighan, J. K. (2011): On greed. In: The Academy of Management Annals, 5(1), S.279–316

Watts, A. L./Lilienfeld, S. O./Smith, S. F./Miller, J. D./Campbell, W. K./Waldman, I. D./Rubenzer, S. J./Faschinbauer, T. J. (2013): The double-edged sword of grandiose narcissism: Implications for successful and unsuccessful leadership among U.S. presidents. In: Psychological Science, 24(12), S.2379–2389

Wedlich, S. (2013): Der Sadist unter uns (https://www.sueddeutsche.de/wissen/psychologie-der-sadist-unter-uns-1.1799935; zugegriffen am 01.10.2019)

Wegge, J./Jeppesen, H. J./Weber, W. G./Pearce, C. L./Siva, S. A./Pundt, A./Jonsson, T./Wolf, S./Wassenaar, C. L./Unterrainer, C./Piecha, A. (2010): Promoting work motivation in organizations: Should employee involvement in organizational leadership become a new tool in the organizational psychologist's kit? In: Journal of Personnel Psychology, 9(4), S.154–171

Weibler, J. (2013): Entzauberung der Führungsmythen, hrsg. vom Roman Herzog Institut (https://www.romanherzoginstitut.de/publikationen/detail/entzauberung-der-fuehrungsmythen.html; zugegriffen am 03.11.2019)

Weibler, J. (2016): Personalführung, 3., komplett überarb. und erw. Aufl., München

Weibler, J. (2018): Die Last der Führung – Demotivation durch Mitarbeitende (https://www.leadership-insiders.de/die-last-der-fuehrung-demotivation-durch-mitarbeitende/; zugegriffen am 19.08.2019)

Weibler, J. (2019): Wenn die gute Tat die schlechte provoziert – Eine Versuchung für die Führung (https://www.leadership-insiders.de/wenn-die-gute-tat-die-schlechte-provoziert-eine-versuchung-fuer-die-fuehrung/; zugegriffen am 20.08.2019)

Weibler, J./Kuhn, T. (2016): Wissenschaftliche Studie: Sind Narzissten die besseren US-Präsidenten (https://www.leadership-insiders.de/wissenschaftliche-studie-sind-narzissten-die-besseren-us-praesidenten/; zugegriffen am 20.08.2019)

Weibler, J./Kuhn, T. (2018): Führung in die Unsterblichkeit. Warum Todesfurcht charismatische Führung erklärt (https://www.leadership-insiders.de/fuehrung-in-die-unsterblichkeit-warum-todesfurcht-charismatische-fuehrung-erklaert/; zugegriffen am 20.08.2019)

Weibler, J./Thielemann, U. (2018): Vom gewohnten Goal Setting zum radikalen Goal Stretching, Teil 1 (https://www.leadership-insiders.de/vom-gewohnten-goal-setting-zum-radikalen-goal-stretching-teil-i/; zugegriffen am 02.10.2019) sowie Teil 2 (https://www.leadership-insiders.de/vom-gewohnten-goal-setting-zum-radikalen-goal-stretching-teil-ii/; zugegriffen am 02.10.2019)

Welsh, D. T./ Ordóñez, L. D. (2014): The dark side of consecutive high performance goals: Linking goal setting, depletion, and unethical behavior. In: Organizational Behavior and Human Decision Processes. 123(2), S.79–89

Welt.de (2017): Blackstone-Chef winkt ein Milliarden-Jahresgehalt (https://www.welt.de/wirtschaft/article138478678/Blackstone-Chef-winkt-ein-Milliarden-Jahresgehalt.html; zugegriffen am 05.11.2019)

Welt.de (2018): Studie: 3,3 Milliarden Menschen leben in Autokratien (https://www.welt.de/newsticker/dpa_nt/infoline_nt/brennpunkte_nt/article174789275/Studie-3-3-Milliarden-Menschen-leben-in-Autokratien.html; zugegriffen am 19.08.2019)

Westdeutsche Zeitung (2018): Ackermann: Reizfigur und Staatsmann https://www.wz.de/wirtschaft/ackermann-reizfigur-und-staatsmann_aid-25943781; zugegriffen am 19.08.2019)

Westermann, F. (2012): Derailment und Managerversagen – Turning a blind eye to disaster? In: Armutat, S./Seinsreiner, A. (Hrsg.): Differentielles Management, Wiesbaden, S.191–206

Wirth, H.-J. (2006): Pathologischer Narzissmus und Machtmissbrauch in der Politik. In: Kernberg, O. F./Hartmann, H.-P. (Hrsg.): Narzissmus: Grundlagen – Störungsbilder – Therapie, Stuttgart, S.158–170

Wittmann, E. (2017): Destruktive Führung – wenn der eigene Vorgesetzte zum Feind wird. In: Brodbeck, F. C. (Hrsg.): Evidenzbasierte Wirtschaftspsychologie (http://www.evidenz-

basiertesmanagement.de/dokumente/ebm_dossiers/ebm_17_destruktive_fuehrung.pdf; zugegriffen am 19.08.2019)
Woodruff, P. (2001): Reverence: Renewing a forgotten virtue, New York
Worden, S. (2003): The role of integrity as a mediator in strategic leadership: A recipe for reputational capital. In: Journal of Business Ethics, 46(1), S.31–44
Wuffli, P. A. (1988): Wertsteigerung oder Überleben als Institution. Zukunftsstrategie im Zeichen eines veränderten Unternehmungsverständnisses. In: Neue Zürcher Zeitung, Nr.268 vom 16. November, S.41

Yukl. G. A./Falbe, C. M. (1991): Importance of different power sources in downward and lateral relations, in: Journal of Applied Psychology, 76(3), S.416–423.
Yukl, G. A./Mahsud, R./Hassan, S./Prussia, G. E. (2013): An improved measure of ethical leadership. In: Journal of Leadership & Organizational Studies, 20(1), S.38–48

Zimbardo, P. (2008): Der Luzifer-Effekt. Die Macht der Umstände und die Psychologie des Bösen, Heidelberg
Zuboff, S. (2018): Das Zeitalter des Überwachungskapitalismus, Frankfurt a.M.

# Stichwortverzeichnis